Von der Mathematisierung in der Ökonomie zur modernen Finanzmathematik

Agnes Handwerk

Von der Mathematisierung in der Ökonomie zur modernen Finanzmathematik

Zeitzeugen berichten

Mit einem Geleitwort von Thomas Mikosch

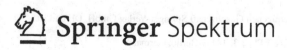 Springer Spektrum

Agnes Handwerk
Hamburg, Deutschland

ISBN 978-3-662-62636-8   ISBN 978-3-662-62637-5   (eBook)
https://doi.org/10.1007/978-3-662-62637-5

Die Deutsche Nationalbibliothek verzeichnet diese Publikation in der Deutschen Nationalbibliografie; detaillierte bibliografische Daten sind im Internet über http://dnb.d-nb.de abrufbar.

Planung: Annika Denkert
Springer Spektrum ist ein Imprint der eingetragenen Gesellschaft Springer-Verlag GmbH, DE und ist ein Teil von Springer Nature.
Die Anschrift der Gesellschaft ist: Heidelberger Platz 3, 14197 Berlin, Germany

Geleitwort

Agnes Handwerk beschreibt in ihrer Danksagung, wie wir uns kennengelernt haben. Das war im Jahre 2009 während der Konferenz *Stochastic Processes and their Applications* an der TU Berlin. Agnes Handwerk zeigte dort ihren Dokumentarfilm zu Wolfgang Doeblins mysteriösem versiegelten Brief an die Académie des Sciences, der erst im Jahre 2000 geöffnet wurde und interessante Resultate zur Theorie der Diffusionsprozesse enthielt. Als Journalistin hat sie sich für das Leben und Wirken verschiedener Mathematiker interessiert. Die Videodokumentationen über Wolfgang Doeblin und Yuri Manin (Late Style) entstanden in Zusammenarbeit mit Harrie Willems. Für den Deutschlandfunk Kultur hat sie Hörfunkfeatures über die Mathematiker Alexander Grothendiek und Kurt Heegner gemacht. Für ihren Bericht über Grothendieck wurde sie 2008 mit dem DMV-Journalistenpreis geehrt.

Sie hat keine mathematische oder naturwissenschaftliche Ausbildung; ihr Interesse an der Wissenschaft, besser: an Persönlichkeiten der Wissenschaft und deren Wirken in der Gesellschaft, begann bei der Arbeit am Doeblin-Film (2007). Das Jahr 2007 war auch der Beginn der weltweiten Banken und Finanzkrise, in der sich Billionen von Dollars in Luft auflösten und Milliarden von Menschen in Arbeitslosigkeit und Armut gestoßen wurden.

Die Frage, die in diesem Buch indirekt aufgeworfen wird, ist, welche Rolle die Finanzmathematik(er) in dieser Krise gespielt hat. Das Thema wurde z. T. aufmacherisch in den Medien verarbeitet. Ein Beispiel war ein Artikel von Felix Salmon.[1] Hier ist ein kurzer Auszug:

> In the mid-'80s, Wall Street turned to the quantsbrainy financial engineers – to invent new ways to boost profits. Their methods for minting money worked brilliantly ... until one of them devastated the global economy. It was hardly unthinkable that a math wizard like David X. Li might someday earn a Nobel Prize. After all, financial economists – even Wall Street quants – have received the Nobel in economics before, and Li's work on measuring risk has had more impact, more quickly, than previous Nobel Prize-winning contributions to the field. Today, though, as dazed bankers, politicians,

---

[1] Recipe for disaster: The formula that killed Wall Street. www.wired.com vom 23. Februar 2009.

regulators, and investors survey the wreckage of the biggest financial meltdown since the Great Depression, Li is probably thankful he still has a job in finance at all. Not that his achievement should be dismissed. He took a notoriously tough nut-determining correlation, or how seemingly disparate events are related – and cracked it wide open with a simple and elegant mathematical formula, one that would become ubiquitous in finance worldwide.

For five years, Li's formula, known as a Gaussian copula function, looked like an unambiguously positive breakthrough, a piece of financial technology that allowed hugely complex risks to be modeled with more ease and accuracy than ever before. With his brilliant spark of mathematical legerdemain, Li made it possible for traders to sell vast quantities of new securities, expanding financial markets to unimaginable levels.

His method was adopted by everybody from bond investors and Wall Street banks to ratings agencies and regulators. And it became so deeply entrenched – and was making people so much money – that warnings about its limitations were largely ignored.

Then the model fell apart. Cracks started appearing early on, when financial markets began behaving in ways that users of Li's formula hadn't expected. The cracks became full-fledged canyons in 2008 – when ruptures in the financial system's foundation swallowed up trillions of dollars and put the survival of the global banking system in serious peril.

David X. Li, it's safe to say, won't be getting that Nobel anytime soon. One result of the collapse has been the end of financial economics as something to be celebrated rather than feared. And Li's Gaussian copula formula will go down in history as instrumental in causing the unfathomable losses that brought the world financial system to its knees ...

David Li ist vielleicht ein „Quant", aber sicher weder Finanzmathematiker noch Wizard. Er hat eine Ausbildung als Aktuar und schlug eine Methode für die Bewertung sogenannter collateralized debt obligations (CDO) im Kreditrisikogeschäft vor (dafür wurde er bis zur Krise sehr gelobt), die mehr oder weniger unkritisch von vielen Kreditinstituten übernommen wurde, weil sie einfach zu implementieren war. Im Hintergrund des Modells steht eine multivariate Normalverteilung, die nur von Korrelationen abhängt, und unter dieser Annahme kann man gewisse Bewertungsformeln direkt ausrechnen. Das kann man selten, und so wurde es ein Erfolg.

Zu jener Zeit wurden die Modellannahmen nicht getestet, noch wurden Stresstests (z. B. mit Simulationen) durchgeführt. Dass die Modellannahmen gewagt waren, wissen wir heute. Die Finanzkrise kam aber nicht wegen David Li's Formel. Letztere war nur der letzte Windhauch, der das von den Banken gebaute Kartenhaus der Finanzderivate zum Einstürzen brachte.

Ich erinnere mich an meine Zeit als Postdoktorand am Departement für Mathematik der ETH Zürich in den Jahren 1991–1992. Diese Abteilung war und ist eine der besten weltweit. Mein Betreuer an der ETH war Paul Embrechts; er war erst vor einigen Jahren (1989) nach Zürich gezogen und bemühte sich um eine Modernisierung der Versicherungsmathematik an der ETH. Zu jener Zeit war Finanzmathematik eine recht neue Richtung, selbst an der ETH im Bankenzentrum

Zürich. Die ersten Vorlesungen zum Thema wurden von Paul Embrechts gehalten. Bücher gab es damals wenige; er benutzte das französische Buch von Lamberton & Lapeyre sowie einige Artikel aus Zeitschriften.

Die Vorlesungen waren sehr gut besucht, bestimmt mit mehr als hundert recht jungen Teilnehmern, die meisten davon aus der Finanz- und Versicherungsindustrie, die wissen wollten, was es mit der Finanzmathematik auf sich hat. Viele waren ehemalige Diplomanden oder Doktoranden der ETH, die in der Praxis mit Finanzderivaten zu tun hatten. Unter den Teilnehmern war ein sehr starkes Interesse vorhanden und auch eine gewisse Aufbruchstimmung, nicht zuletzt aufgrund der Fähigkeit von Paul Embrechts, seinen Enthusiasmus über das Fach an die Studenten zu vermitteln. Es schien möglich, die finanziellen Risiken mit Hilfe der Mathematik in den Griff zu bekommen. Die ersten Diplomanden und Doktoranden begannen auf dem Gebiet der Finanzmathematik zu arbeiten. Sie wussten, dass sie sehr gut bezahlte Jobs in London, Frankfurt oder in den USA bekommen würden.

Das Interessante in diesen Jahren war, dass sich recht theoretisch orientierte Mathematiker und Ökonomen in die Finanzmathematik vertieften. Natürlich wendeten sie ihr Wissen aus der Funktionsanalysis, stochastischen Analysis, den partiellen Differentialgleichungen, der Maßtheorie, der statistischen Physik und anderen Gebieten an. Deshalb wurde die reine Finanzmathematik recht theorielastig.[2] Statistik, um die Modelle zu validieren, wurde so gut wie keine betrieben. Es gab auch so gut wie keine Daten.[3]

Ein erstaunliches Phänomen war, dass sich die Studenten in den Finanzmathematikvorlesungen in die nicht-triviale Theorie vertieften, ohne groß zu klagen, was sonst selten geschieht. Zum Beispiel war es ganz normal, dass man über die Girsanovtransformation Bescheid wusste und von äquivalenten Martingalmaßen und Snell envelopes sprach. Diese Fakten wurden bisher nur in sehr spezialisierten Vorlesungen vermittelt, nun wurden sie zum Gemeinwissen. Es entstand eine gemeinsame Sprache sowohl in der Finanzmathematik als auch bei den finanzorientierten Ökonomen.

---

[2]In Ländern wie den Niederlanden oder in Skandinavien fehlten z. T. die rein-mathematischen Spezialisten. Zum Beispiel in den Niederlanden wurde die Finanzmathematik vor allem durch Ökonometer betrieben. Das geschah recht pragmatisch ohne Overkill durch die Mathematik.

[3]Ich erinnere mich an einen Diplomanden, den ich an der ETH betreute. Er sollte eine Zeitreihenanalyse von spekulativen Preisen durchführen, aber es gab fast keine Daten. Zeitreihen wurden aus Büchern oder Zeitschriften mit der Hand in den Computer eingegeben. Damit kam man nicht sehr weit. Ein Lichtblick waren die Aktivitäten des Research Institute on Applied Economics in Zürich, Olsen & Associates, das es leider in dieser Form nicht mehr gibt. Sie hatten die Idee, mit Hochfrequenzdaten zu arbeiten (damals waren das 5-Minuten-Preise), die elektronisch empfangen und sofort weiterverarbeitet wurden. Die Konferenzen in Zürich (1995 und 1998), die von O&A organisiert wurden, hatten einen sehr hohen akademischen Zuspruch. Zum Beispiel nahm der spätere Nobelpreisträger für Ökonomie Robert Engle an ihnen teil. Der Handel mit Hochfrequenzdaten wurde erst 10–15 Jahre später in großem Umfang möglich, als die Telekommunikation wesentlich weiter fortgeschritten war.

Plötzlich hielten Ökonomen Vorträge, in denen ganz natürlich risikoneutrale Maße auftraten. Ich war mir nicht immer sicher, ob sie wussten, wovon sie redeten, aber sie wirkten überzeugt.

Diese Entwicklungen brachten auch neue Perspektiven für den Fortschritt der Wahrscheinlichkeitstheorie. Wenn viele Finanzmathematiker in der Forschung tätig sind, werden einige dieser Resultate auch in anderen Teilgebieten der Mathematik und anderen Wissenschaften von Nutzen sein, so z. B. in der stochastischen Analysis, beim Verständnis neuer Klassen stochastischer Prozesse, in der stochastischen Optimierung und auch in der Versicherungsmathematik. Letztere ist ein wesentlich älterer Zweig der angewandten Mathematik. Finanz-mathematisches Denken hat sich vor allem in der Lebensversicherungs- und Pensionsmathematik durchgesetzt, wo es ebenso um das Preisen und Hedgen von Produkten und um die Optimierung von Portfolios geht. Zum Beispiel müssen Pensionfonds darüber nachdenken, wie das Geld ihrer Klienten am besten angelegt wird, und dann müssen sie wissen, was auf dem Finanzmarkt geschieht, also auch was die Black-Scholes-Formel beinhaltet.[4]

Seit den 90er Jahren werden in Europa und weltweit immer mehr Finanz-mathematikstudien angeboten, zum größten Teil an den Mathematik- oder Statistikinstituten der Universitäten, aber auch in Business Schools. Ein Studium der Finanzmathematik ist sehr attraktiv und verspricht den Graduierten eine sehr gute Bezahlung, zumindest zwischen den Finanzkrisen. Finanzmathematiker sind universell einsetzbar, sowohl in den Banken, Pensionsfonds, Versicherungen, in der Finanzaufsicht, aber auch in den großen accounting companies. Diese Studenten lernen nun eine z. T. kanonisch gewordene Theorie. In den letzten 20 Jahren wurden auch sehr viele Bücher zur Finanzmathematik publiziert.

In einem gewissen Sinne hat sich die Finanzmathematik selbständig ge-macht und ist zu einem eigenen Markennamen geworden. Verselbständigung hat seine Vor- und Nachteile. Einerseits hat sich eine hinreichend große Gruppe von Spezialisten gebildet, die eine eigene Sprache entwickelt hat – das ist wichtig für eine effektive Kommunikation in der Gruppe und zur Formulierung von relevanten Problemstellungen. Andererseits führt dies aber zu einer Abgrenzung von anderen Zweigen der Mathematik. In der Bachelier Society haben sich die Finanz-mathematiker organisiert; sie haben ihre eigenen Zeitschriften, Konferenzen, Workshops, PhD Schools. Die Abgrenzung hat aber auch dazu geführt, dass die Finanzmathematik innerhalb der Mathematik in den letzten 10–15 Jahren weniger wahrgenommen wird; in den 90er Jahren wurden die Arbeiten von Föllmer, Delbaen und Schachermayer mit großem Interesse auch von reinen Mathematikern verfolgt, da fundamentale mathematische Probleme gelöst wurden. Hervorragende Wahrscheinlichkeitstheoretiker wie Marc Yor, Albert N. Shiryaev, Phil Protter, Jean Jacod wurden von der Finanzmathematik angezogen. Sie hielten sie für so

---

[4]Siehe zum Beispiel: Thomas Møller und Mogens Steffensen, *Market-Valuation Methods in Life and Pension Mathematics,* Cambridge University Press, Cambridge UK, 2007.

wichtig, dass sie wesentliche Teile ihrer Forschung dem Thema widmeten, Marc und Albert schrieben sogar Bücher zum Thema.

Als ich das erste Mal mit Agnes Handwerk über das Thema Finanzmathematik und Finanzkrise sprach, war ich etwas überrascht, welchen Blick sie auf den Beruf des (Finanz-)Mathematikers hatte. Das kommt in dem Buch auch sehr gut zum Ausdruck. Sie versucht als Journalistin zu verstehen, was die Mathematik in den Jahren 1990 und davor getrieben hat, um in die Richtung der Finanz zu gehen. Sie hat interessante Interviews mit einigen herausragenden Persönlichkeiten gemacht, die, wie Hans Föllmer, Werner Hildenbrand, Freddy Delbaen, mit den ökonomischen Theorien vertraut waren, was sich auch in deren Forschung widerspiegelte. Die meisten Mathematiker haben und hatten aber dieses Wissen nicht und nahmen und nehmen viele der Annahmen in den Modellen als gegeben (Axiome) hin. Dabei stehen bedeutende ökonomische Annahmen wie die Gleichgewichtstheorie, die Non-Arbitrage Hypothese oder die effizienten Märkte im Hintergrund. Eine unbeantwortete Frage ist, ob diese ökonomischen Annahmen entsprechend mathematisch modelliert werden können. In der Physik ist die Mathematik ein nützliches Mittel zur Beschreibung der Realität. Dort kann man Experimente wiederholen und damit eine Hypothese falsifizieren oder akzeptieren. In der Finanz wiederholt sich nichts, weil sie von Menschen getrieben wird, die oft nicht rational handeln, obwohl sie denken, dass sie es tun.[5]

Die meisten Interviews, die die Grundlage dieses Buches bilden, erscheinen mir sehr ehrlich bezüglich der Aussagen der Interviewten. Das ist sicher ein Verdienst von Agnes Handwerk. Sie hat die richtigen Fragen gestellt und, da sie eine Journalistin ist, hatten die Interviewten vielleicht weniger Scheu, mit ihr als mit einem Kollegen zu reden, der ihnen vielleicht Vorwürfe irgendwelcher Art gemacht hätte (wie wir sie zum Beispiel in der französischen Mathematikervereinigung nach 2008 gehört haben). Werner Hildenbrand zum Beispiel sagt ganz ehrlich, dass sein Verhältnis zur Mathematik ein anderes geworden ist. Modelle nimmt er nicht mehr als gegeben (wie Diffusionen, Martingale, die geometrische Brownsche Bewegung etc.), weil sie evtl. nicht realistisch sind und, falls sie realistisch sind, nur eine bestimmte Lebensdauer haben können. Der Black-Scholes-Prozess und dessen hunderte Variationen modellieren spekulative Objekte nur in ganz speziellen Situationen, z. B. wenn es keine Marktturbulenzen gibt. In solchen Situationen ist die klassische Finanzmathematik durchaus anwendbar und zuverlässig, wenn man nicht vergisst, dass kein Modell ideal ist. Praktiker wissen oft, wie man die Black-Scholes- und andere Preis-Formeln unter sich ändernden Bedingungen kalibrieren muss.

In den letzten Jahrzehnten wurden hunderte, vielleicht tausende Arbeiten geschrieben, die Alternativen zur geometrischen Brownschen Bewegung und zur Black-Scholes-Formel untersuchen. Bereits in den 90er und dem Beginn der

---

[5]Eine einsichtsvolle Lektüre über das nicht sehr rationale Verhalten von Bankern während ihrer Arbeitszeit und danach ist das Buch von Geraint Anderson *Citiboy: Beer and Loathing in the Square Mile*, Hachette UK, 2010.

2000er Jahre gab es erste Überlegungen, wie man höhere Risiken in die Modelle einbauen könnte, um sie realistischer zu machen. Viele dieser Modelle waren einfache Verallgemeinerungen; z. B. wurde die Brownsche Bewegung als treibender Prozess in den Modellen durch Lévy-Sprungprozesse ersetzt. Ole Barndorff-Nielsen, Neil Shephard und Ernst Eberlein gehörten zu den Pionieren, die die Lévy-Welt propagierten, u. a. auf den internationalen Lévyprozess-Konferenzen in Aarhus Ende der 90er Jahre. Ich erinnere mich an eine lebhafte Diskussion im Forschungsinstitut EURANDOM in Eindhoven. Ende der 90er Jahre hatte ich dort einen Workshop zur Finanzmathematik und Lévyprozessen organisiert. Die erwähnten Personen waren anwesend, auch Dilip Madan. In der Diskussion wurde die Frage erörtert, wie realistisch die Finanzmodelle sein sollten, d. h. es ging um das Problem der Wahrheit in der Finanzmathematik. Ole und Marc waren (natürlich) davon überzeugt, dass die Modelle so nahe an den Daten, d. h. der messbaren Realität, sein sollten, wie möglich. Dem widersprach Dilip mit *The truth is what pleases Wall Street*. Er kannte sich sehr gut damit aus, denn er arbeitete für sie. Aber auf diesem Workshop war er so ziemlich der Einzige, der so dachte, und dem wurde auch heftig widersprochen.

Einen starken Einfluss auf die Entwicklung realistischer Modelle für die Finanz hat das Basel Committee on Banking Supervision. Es wurde 1988 durch Initiativen von Zentralbanken einflussreicher Länder gegründet. Im Basel Accord (auch Basel I genannt) wurden Richtlinien festgelegt, die ein Minimum an Kapitalreserven in den Banken garantieren soll. Diese wurden 1992 in den G-10-Ländern zum Gesetz. Basel I und dessen Nachfolger führten dazu, dass Regierungen, Finanzaufsichten und Zentralbanken verstärkt über Finanzrisiken nachdachten. Im Gegenzug führte das zu einer kritischen Begutachtung der existierenden finanzmathematischen Modelle, die in den Banken und Kreditinstituten verwendet werden. Das Gebiet des quantitativen Risikomanagements entstand, welches ebenso wie die Finanzmathematik starken Gebrauch von wahrscheinlichkeitstheoretischen Modellen macht, aber auch statistische und ökonometrische Untersuchungen von Finanzrisiken oder Simulationsstudien von Stresssituationen durchführt.

In diesem Buch zeichnet Agnes Handwerk ein Bild der Entstehung und Entwicklung der Finanzmathematik in Europa in deren Zentren ETH Zürich, Paris P&MC, Bonn, Louvain La Neuve. Sie hat Persönlichkeiten interviewt, die relevante Theorien zur Entwicklung der Finanzmathematik beigetragen haben und damit Richtungen bestimmten, in welche diese in der Zukunft gehen musste. Für den Laien sind diese Interviews möglicherweise nicht voll verständlich, aber für den Mathematiker, der eine gewisse Affinität zur Finanz hat, sind diese Aussagen z. T. recht erstaunlich, weil sie erklären, wieso die Finanzmathematik zu dem wurde, was sie heute ist. Der Leser lernt dabei etwas über die Geschichte eines Gebietes der Mathematik, das zu den erfolgreichsten der letzten Jahrzehnte zählt, weil es die Grenzen der Mathematik überschritt. Er/sie versteht nach der Lektüre dieses Buches besser, wie Mathematiker denken und was sie antreibt, wie neue Theorien durch das Handeln einzelner Persönlichkeiten entstehen.

Agnes Handwerk hat viele Jahre an diesem Buch gearbeitet. Eigentlich sollte es kurz nach der Finanzkrise erscheinen, aber sie hat mit der Materie gekämpft, sich immer mehr in sie vertieft. Dazu haben die Interviews mit einigen Vätern der Finanzmathematik beigetragen. Es ist ein sehr lesenswertes Buch entstanden, weil es einen Blick auf die Geschichte der Finanzmathematik vor und nach der Krise durch den Blick einer Außenstehenden wirft.

Kopenhagen   Thomas Mikosch
August 2020

Vorwort

Auf einer Anhöhe in einem abgelegenen Tal im Schwarzwald, umgeben von Wald, liegt das Mathematische Forschungsinstitut Oberwolfach. Aus einer stattlichen Jagdhütte, im Zweiten Weltkrieg eine Außenstelle der Universität Göttingen, hat sich eine international anerkannte Forschungseinrichtung entwickelt, an der Mathematiker aus der ganzen Welt zusammenkommen.

Im März 2008 treffen sich dort Mathematiker zu einem Workshop über „The Mathematics and Statistics of Quantitative Risk Management", organisiert und vorbereitet von Paul Embrechts[6] und Thomas Mikosch[7]. Sie wollen Mathematiker, die auf Gebieten der Versicherungs- und Finanzmathematik arbeiten, zusammenbringen.

Die Finanzmathematik hat sich seit den 1970er Jahren zwar kontinuierlich zu einem eigenständigen akademischen Fachgebiet entwickelt, aber es existieren verschiedene Spezialisierungen und Lehrmeinungen nebeneinander. Auf dem Workshop soll ein Austausch über die verschiedenen Positionen stattfinden, erklärt Thomas Mikosch.

THOMAS MIKOSCH: Wir arbeiten mit unterschiedlichen Methoden, gehen auf unterschiedliche Konferenzen und haben unterschiedliche Ansichten über die Anwendung von mathematischen Formeln in der Finanzmathematik. Auf dem Meeting war es teilweise so, dass man sich zugehört hat, aber gar nicht verstanden hat, worüber der andere spricht.

(Interview der Autorin)

Dem Workshop ging eine mehrjährige Vorbereitungszeit voraus und nun erleben die Teilnehmer hier den Beginn der schwersten Finanzkrise nach dem Zweiten Weltkrieg. Die Tageszeitungen, die im Speisesaal des Instituts am Morgen des 17.03.2008, einem Montag, ausliegen, titeln:

Börsen brechen weltweit ein
Alarmstufe Rot an der Wall Street
Schwarzer Montag

---

[6]Paul Embrechts, Professor emer. für Finanz- und Versicherungsmathematik an der ETH Zürich.
[7]Thomas Mikosch, Professor für Versicherungsmathematik an der Universität Kopenhagen.

Die Investmentbank Bear Sterns steht vor dem Bankrott und wird in letzter
Minute zu einem Schleuderpreis von dem US-Kreditinstitut JP Chase Morgan
übernommen. Der Notverkauf löst Panikverkäufe an den internationalen Aktienmärkten aus und die Lage spitzt sich in den folgenden Tagen zu.

Wall Street im Notverkauf
Amerika versucht eine Lawine von Bankpleiten aufzuhalten
Anleger auf der Flucht

Einer der Vortragenden auf dem Workshop ist Mark Davis (1945–2020). Er ist
Professor für Mathematik am Imperial College in London, Leiter der Abteilung
für Finanzmathematik und Mitbegründer der Zeitschrift „Mathematical Finance".
Seine akademische Laufbahn hat er 1995 für fünf Jahre unterbrochen und
praktische Erfahrungen gesammelt an der Spitze der Abteilung Forschung und
Produktentwicklung der japanischen Bank „Tokyo-Mitsubishi International".
Seinen Vortrag auf dem Workshop in Oberwolfach überschreibt er mit „systemic
risk" und bezieht sich auf die aktuelle Situation.

> This meeting started on the day that Wall Street bank Bear Stearns was sold for $2 a
> share having collapsed in a few days after an 85-year-history. To draw some lessons for
> mathematical modelling of inter-bank risk from this event, one commentator noted that
> Bear Stearns was "too inter-related to fail suddenly". To dare, most multi-obligor models
> of credit risk calculate only loss distributions while loss of mark-to-market value due to
> changing asset values or default elsewhere is often the major risk. [23]

Mark Davis stellt fest, dass in den Absicherungsstrategien für Derivate die Finanz-
marktsituation und Ausfälle von Kredittilgungen unzureichend berücksichtigt
werden. Er spricht von „systemischen Risiken". Welche Auswirkungen sie haben
können, das zeigt sich in jenen Tagen. Massenhaft überschuldete Hauseigentümer
in den USA, die ihre Kredite nicht mehr tilgen können, bringen Großbanken in
Kapitalnot. Es entsteht eine Kettenreaktion, die die Finanzmärkte an den Rand des
Zusammenbruchs bringt.

Dieses denkwürdige Arbeitstreffen von Mathematikern, die sich mit Risikomanagement beschäftigen und sich plötzlich im Auge des Sturms befinden, steht
in einer Reihe von Workshops zur Finanzmathematik, die in den 1970er Jahren
begonnen hatten.

Im Digital Archive von Oberwolfach lässt sich zurückverfolgen, wie aus der
Wahrscheinlichkeitsrechnung zunächst Anwendungen in den Wirtschaftswissenschaften und dann in der Finanzmathematik entstanden sind.

Biografische Berichte sind eine weitere aufschlussreiche Quelle, um diese Entwicklung in ihren verschiedenen Facetten zu verstehen. Im Zentrum steht hier
Hans Föllmer. Seine akademische Laufbahn beginnt mit dem Studium der Wahrscheinlichkeitsrechnung. Als Student begegnet er auf Workshops in Oberwolfach
führenden Mathematikern auf diesem Gebiet wie Andrei Kolmogorow und
Kiyoshi Itō. Nach seiner Promotion wendet er sich der angewandten Mathematik
in den Wirtschaftswissenschaften zu und arbeitet eng mit Werner Hildenbrand
zusammen, einem Mathematiker, der sich für die Forschung in der Ökonomie

entscheidet. In den 1970er Jahren trennen sich ihre Wege. Hans Föllmer organisiert die ersten Workshops zur Finanzmathematik. Er gehört zu dem kleinen Kreis von Mathematikern, die die Theoriebildung auf diesem neuen Gebiet vorantreiben.

Die vorliegende Arbeit dokumentiert mit autobiografischen Berichten einen Aspekt, der bisher wenig Beachtung gefunden hat: Wie reine Mathematiker zu Mitbegründern der modernen Finanzmathematik werden. Die Interviews wurden zum Ausgangspunkt meiner umfangreichen Archiv- und Literaturrecherche.

Hervorheben möchte ich den hervorragenden Bestand und Zugang zu dem ODA, dem Oberwolfach Digital Archive; der ZBW, der Deutschen Zentralbibliothek für Wirtschaftswissenschaften und der EZB, der Elektronischen Zeitschriftenbibliothek der Universität Regensburg. So war es möglich, Einblicke in ein spannendes Kapitel der Wissenschaftsgeschichte zu erhalten.

Nach der alphabetischen Reihenfolge beginnt die Nennung der Zeitzeugen mit Freddy Delbaen.

- Freddy Delbaen war von 1995 bis 2008 Professor für Finanzmathematik an der Eidgenössischen Technischen Hochschule (ETH) Zürich.

  (Interviews 2014–2017, Zürich)
- Paul Embrechts wurde 1989 als erster auf den Lehrstuhl für Finanz- und Versicherungsmathematik an die ETH Zürich berufen.

  (Interviews 2014–2016, Zürich)
- Hans Föllmer hatte zuletzt den Lehrstuhl für Stochastik und Finanzmathematik an der Humboldt-Universität Berlin inne.

  (Interviews 2013–2016, Berlin)
- Der Mathematiker Werner Hildenbrand hat sich als Ökonom habilitiert und war ein enger Mitarbeiter von Gérard Debreu. Er hatte eine wichtige Mittlerfunktion zwischen Mathematikern und Ökonomen.

  (Interviews 2013–2017, Berlin)
- Thomas Mikosch ist seit 2001 Professor für Versicherungsmathematik an der Københavns Universitet. Zu seinem Forschungsschwerpunkt gehören Extremwerttheorie und Analyse finanzieller Zeitreihen. Seit 2015 ist Mikosch auch Herausgeber der Springer-Zeitschrift *Extremes: Statistical Theory and Applications in Science, Engineering and Economics.* Zusammen mit Paul Embrechts (ETH Zürich) und Claudia Klüppelberg (TU München) hat er bereits 1997 ein Standardwerk in der Extremwerttheorie und Quantitativen Risikoanalyse verfasst. [13]

  (Interview 2010, Kopenhagen)
- Dieter Sondermann hat sich als Mathematiker für Volkswirtschaftslehre habilitiert und war an der Universität Bonn Professor für Statistik. Er hat eng mit Föllmer und Hildenbrand zusammengearbeitet und ist Mitbegründer und erster Herausgeber der Zeitschrift *Finance and Stochastics,* die seit 1998 im Verlag Springer Berlin Heidelberg erscheint. In seinem Vortrag, anlässlich der

Emeritierung von Hans Föllmer, hat Dieter Sondermann anschaulich dargestellt, wie die Finanzmathematik mit der Ökonomie verflochten ist. Einige dieser Darstellungen sind in diesem Buch abgebildet.

(Interview 2013, Bonn)

- Ein herausragender Vertreter der französischen Finanzmathematik war Marc Yor (1949–2014), Professor an der Université VI Paris und Mitglied der Académie des sciences. Im Rahmen seines Humboldt-Forschungspreises arbeitete er während 2011/2012 an der Albert-Ludwigs-Universität Freiburg zusammen mit den Professoren Ernst Eberlein und Ludger Rüschendorf.

(Das vereinbarte Interview kam nicht mehr zustande.)

Hamburg   Agnes Handwerk
2020

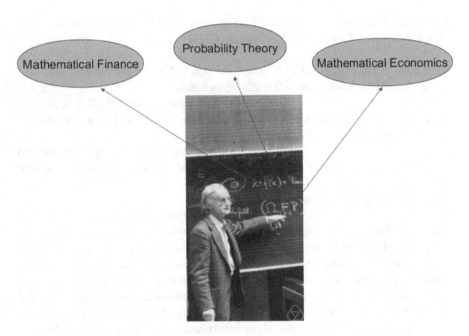

Hans Föllmer auf der Jahrestagung der Deutschen Mathematiker-Vereinigung in Hannover 1974. Aus: Dieter Sondermann, Festvortrag anlässlich der Emeritierung von Hans Föllmer an der Humboldt-Universität zu Berlin.

Danksagung

Die Grundlage für dieses Buchprojekt waren Gespräche mit Finanzmathematikern. Die gehen zurück auf das Jahr 2000. Damals erfuhr ich von der Öffnung eines versiegelten Briefes, den der Mathematiker Wolfgang Doeblin[8] zu Beginn des Zweiten Weltkriegs an die Académie des sciences in Paris geschickt hatte. Harrie Willems aus Amsterdam und ich – wir arbeiten beide als Journalisten – entschieden uns diese außerordentliche Geschichte zu dokumentieren und kamen in Paris in Kontakt zu den Mathematikern Bernard Bru[9] und Marc Yor. Die Öffnung des versiegelten Briefes war eine Sensation in der Welt der Wissenschaft, denn es stellte sich heraus, dass Wolfgang Doeblin beinahe zeitgleich mit Kiyoshi Ito eine Formel zur Beschreibung von Pfadeigenschaften stochastischer Prozesse entwickelt hatte – nur unter denkbar anderen Bedingungen: der Emigrant Wolfgang Doeblin war als Soldat an der französischen Front gegen Deutschland stationiert und Kiyoshi Itō arbeitete als staatlicher Angestellter im Japanischen Kriegsministerium.

Während unserer Recherchen zu Wolfgang Doeblin erlebten wir die Aufbruchstimmung in der Finanzmathematik und ihre große Anziehungskraft gerade auch für Studenten. Wir erhielten Zugang zu den Handelssälen der Caisse d'Epargne in Paris und der Deutschen Bank in Frankfurt a. M. und einen Eindruck, welchen Einfluss die Finanzmathematik auf die Bankpraxis erreicht hatte. Gleichermaßen vermittelten uns Hans Föllmer und Marc Yor, welchen Beitrag Doeblin auf dem Gebiet der Wahrscheinlichkeitstheorie geleistet hat.[10]

---

[8]Wolfgang Doeblin (1915–1940), Sohn des Schriftstellers Alfred Döblin. Nach dem Reichstagsbrand im Februar 1933 und den folgenden Verhaftungen verließ Alfred Döblin als Gegner der Nationalsozialisten und Jude mit seiner Familie über Nacht Deutschland. Im Pariser Exil studierte sein Sohn Wolfgang Mathematik. Zu seiner Biografie: „Comments on the life and mathematical legacy of Wolfgang Doeblin", Bernard Bru und Marc Yor, in: *Finance and Stochastics*, 2002, Nr. 3, Vol. 6.

[9]Bernard Bru hat die Existenz des versiegelten Briefes aufgedeckt und die Biografie über Wolfgang Doeblin verfasst.

[10]Wolfgang Doeblin übersetzte für seinen Doktorvater Maurice Fréchet die „Grundbegriffe der Wahrscheinlichkeitsrechnung" von Andrei Kolmogorow, 1933 auf Deutsch bei Springer erschienen, ins Französische. Doeblin arbeitete eng mit Paul Lévy zusammen. Auf Betreiben von Kai Lai Chung fand 1992 ein Symposium zum Gedenken an Wolfgang Doeblin in Blaubeuren, in der Nähe der Universitätsstadt Tübingen statt, an dem auch Joseph Doob und Joseph M. Gani teilnahmen.

Mit der Finanzkrise 2007/2008 wurden in der öffentlichen Debatte jedoch plötzlich andere, sehr grundlegende Aspekte der Finanzmathematik hinterfragt: die Modellgläubigkeit und der Risikobegriff (Risk Mangement). Paul Embrechts von der ETH Zürich und Thomas Mikosch von der Universität Kopenhagen gehörten zu den wenigen Mathematikern, die sich damals offen gegenüber der Presse zeigten. Unumwunden hat Thomas Mikosch eines der ungelösten Probleme benannt: sei nach wie vor, dass mit naturwissenschaftlichen Methoden soziale Prozesse modelliert würden, in dem Fall das Verhalten von Marktteilnehmern.

Am Rande der Konferenz „Stochastic Processes and Their Applications" in Berlin 2009, auf der unsere Videodokumentation über Wolfgang Doeblin[11] gezeigt wurde, fragte ich Thomas Mikosch, ob er als Mathematiker mein Buchprojekt begleiten würde. Er stimmte zu.

Eine entscheidende Wende nahm das Projekt durch Dieter Sondermann. In Bonn machte er mich mit Werner Hildenbrand bekannt, einem seiner Weggefährten. In diesen Gesprächen hat sich mir erschlossen, welche Bedeutung die Mathematisierung in der Ökonomie für die Entwicklung der Finanzmathematik hatte.

Freddy Delbaen, Paul Embrechts und Hans Föllmer sind Protagonisten dieser Entwicklung. Sie haben die ersten Schritte auf ein bis dahin unbekanntes Terrain unternommen. Und es waren immer wieder Nachfragen nötig, um die Stationen dieser Entwicklung zu dokumentieren.

Ein mit Marc Yor vereinbartes Gespräch konnte nicht mehr stattfinden.

Thomas Mikosch war über viele Jahre Mentor und erster Leser verschiedener Versionen, aus denen das vorliegende Buch schließlich entstanden ist.

Wichtig war die Hilfe von Olaf Meltzer, einem ehemaligen Kommilitonen, der mich in das LaTeX Programm einführte und bei allen Abstürzen weiterhalf.

---

[11]Agnes Handwerk and Harrie Willems, Wolfgang Doeblin – a mathematician rediscovered; Springer VideoMATH, Mathematische Beratung: Guus Balkema (2007).

Inhaltsverzeichnis

Hans Föllmer, Protagonist der ersten Generation von Finanzmathematikern

1

Hans Föllmer, Professor für Stochastik und Finanzmathematik an der Humboldt-Universität Berlin, ist seit 2006 emeritiert. Im persönlichen Umgang sehr zurückhaltend, gehört er zu den führenden Stochastikern mit internationaler Reputation. Er ist derzeit Andrew D. White Professor-at-Large an der Cornell-Universität und hält Vorlesungen an den Universitäten von Shanghai und Singapur.

Hans Föllmer ist polyglott und international vernetzt, obwohl sich seine Biografie als ausgesprochen deutsch bezeichnen lässt, geprägt vom Zweiten Weltkrieg, der Teilung in Ost und West und dem Aufbruch und Aufbegehren der 1960er Jahre[1]. Nach der deutschen Wiedervereinigung erhält Hans Föllmer 1994 den Ruf auf den neugegründeten Lehrstuhl für Stochastik und Finanzmathematik an der Humboldt-Universität in Berlin.

Hans Föllmer beginnt 1960 sein Studium der Philosophie, Romanistik und Mathematik in Köln und wechselt 1961 nach Göttingen. Dort hört er Vorlesungen zur Wahrscheinlichkeitstheorie von Konrad Jacobs[2].

---

[1] Hans Föllmer wurde mitten im Zweiten Weltkrieg 1941 in einem Dorf bei Heiligenstadt in Thüringen geboren. Sein Vater stammte aus einer Bauernfamilie und war der erste, der studieren konnte. Er entschied sich für Versicherungsmathematik. In Berlin heiratete er und gründete eine Familie. Die Kriegsjahre verbrachte Hans Föllmer mit seiner Mutter, jedoch die meiste Zeit auf dem elterlichen Hof seines Vaters. 1950 zog die Familie nach Bonn, wo sein Vater wieder als Versicherungsmathematiker arbeitete. Nach vielen Ortswechseln aus beruflichen Gründen lebt Hans Föllmer heute wieder in Berlin.

[2] Konrad Jacobs (1928–2015), seine Fachgebiete waren die Wahrscheinlichkeitstheorie, Kombinatorik, Informationstheorie und dynamische Systeme.

© Der/die Autor(en), exklusiv lizenziert durch Springer-Verlag GmbH, DE, ein Teil von Springer Nature 2021
A. Handwerk, *Von der Mathematisierung in der Ökonomie zur modernen Finanzmathematik*, https://doi.org/10.1007/978-3-662-62637-5_1

HANS FÖLLMER: Konrad Jacobs zog mit seiner vielseitigen Persönlichkeit sehr gute Studenten an. Er war sehr erfolgreich als Hochschullehrer. Seine Vorlesungen waren streng systematisch, fast bourbakistisch[3].

(Interview der Autorin)

Konrad Jacobs fördert den jungen Föllmer, der noch unentschlossen ist, in welche Richtung er gehen will. Bald kommt es zu zukunftsweisenden Weichenstellungen: Hans Föllmer lernt seine spätere Frau Malena in einem Soziologie-Seminar kennen. In dieser Zeit empfiehlt ihn Konrad Jacobs für ein Stipendium der Deutschen Studienstiftung. In Paris soll er die neuen Entwicklungen in der Potentialtheorie kennenlernen. Es ist das Jahr 1965. Hans Föllmer steht die Zukunft offen und er erlebt in Paris ein intellektuelles Klima, aus dem wenig später die Studentenrevolte hervorgehen wird. Nach dem Zweiten Weltkrieg, nach Besatzung durch die deutsche Wehrmacht und Kollaboration, entstehen im Frankreich der Nachkriegszeit auf den Gebieten der Philosophie und Mathematik neue einflussreiche Entwicklungen. Hans Föllmer hört Vorlesungen von Marcel Brelot und Gustave Choquet über Potentialtheorie und von Jacques Neveu zur Theorie der Martingale. Bleibenden Eindruck hinterlassen Vorlesungen von Laurent Schwartz an der Sorbonne.

HANS FÖLLMER: Konrad Jacobs erhielt zusammen mit Heinz Bauer[4] 1966 eine Professur an der Universität Erlangen. In dieser Zeit entstand ein neues Forschungsfeld: Querverbindungen zwischen Potentialtheorie und der Brownschen Bewegung, die Joseph Doob und Shizuma Kakutani mit ihren Arbeiten in die Diskussion gebracht haben.

(Interview der Autorin)

Nach der Zeit in Paris, setzt Hans Föllmer sein Studium bei Heinz Bauer und Konrad Jacobs in Erlangen fort. Es kommen ereignisreiche Jahre auf Hans Föllmer zu. Die Studentenrevolte hat das konservativ geprägte Erlangen erreicht. Es gibt Proteste gegen die autoritären Strukturen an der Universität. Hans Föllmer sieht sich am Rande dieser Bewegung. Er interessiert sich in erster Linie für Mathematik, wo sich ebenfalls viel Neues ereignet. Heinz Bauer und Konrad Jacobs laden international bekannte Mathematiker zu Gastvorlesungen ein und machen die Universität Erlangen zu einem herausragenden Ort für Mathematik. Der Amerikaner Robert M. Blumenthal[5] verbringt das akademische Jahr 1966/1967 in Erlangen. In seinen Vorlesungen behandelt er sein Manuskript über Markov-Prozesse und Potentialtheorie, das kurz vor der Veröffentlichung steht [5].

---

[3] Ausführungen zu Bourbaki in Kap. 4.
[4] Heinz Bauer (1928–2002), seine Fachgebiete waren Wahrscheinlichkeitstheorie und Analysis. Er studierte bei bei Otto Haupt. Anfang der 1950er Jahre traf er in Nancy mit führenden französischen Mathematikern der Gruppe Bourbaki, mit Laurent Schwartz und Jean Dieudonné zusammen.
[5] Robert M. Blumenthal (1931–2012), Professor an der University of Washington, hat bei Gilbert Agnew Hunt 1956 promoviert. Gilbert Agnew Hunt war ein Schüler von Salomon Bochner, der wiederum bei Erhard Schmidt in Berlin studiert hatte.

HANS FÖLLMER: Wir waren an vorderster Front der Entwicklung der probabilistischen Potentialtheorie. Kulturell gab es einen starken Kontrast zwischen unseren deutschen Professoren und Bob Blumenthal, einem amerikanischen Professor.

(Interview der Autorin)

Obwohl der Altersunterschied zwischen den Professoren und ihren Doktoranden nur etwas mehr als zehn Jahre beträgt, ist die Distanz zu Bauer und Jacobs größer als zu Blumenthal, der sich mit Studenten in die Cafeteria setzt, wo sich dann viel direktere Gespräche ergeben. Mit Robert Blumenthal nimmt Hans Föllmer an einer Tagung über Verzweigungsprozesse in Oberwolfach teil[6]. Auf Grund der kurzzeitigen politischen Entspannung zwischen West und Ost kommen Mathematiker aus den USA und der damaligen UdSSR in Oberwolfach zusammen. Andrei Kolmogorow reist aus Moskau an[7].

In der Zeit, in der Blumenthal in Erlangen ist, kommt auch Paul-André Meyer aus Straßburg ins Fränkische. Er wird für die „American Mathematical Society" eine Rezension über Blumenthals Buch „Markov Processes and Potential Theory" [5] schreiben. Auch Kiyoshi Itō ist zu Gast. Er kommt aus Aarhus nach Erlangen. Hans Föllmer erinnert sich an ein denkwürdiges Zusammentreffen.

HANS FÖLLMER: Es war die letzte Vorlesung von Blumenthal, in der er einen technisch sehr aufwendigen Beweis zu Ende führen wollte. Aber wir wollten von ihm wissen: Was sind in der Theorie der stochastischen Prozesse die großen Themen der Zukunft? Da ging Itō an die Tafel und skizzierte seine neuen Ideen zur Exkursionstheorie! Für uns eine Sternstunde! Nach Blumenthal kamen die Franzosen Daniel Sibony und Gabriel Mokobodski nach Erlangen. Sie waren sehr politisiert. Mokobodski, ein KP-Mann, hat über Politik diskutiert und Mathematik gemacht! Es war insgesamt ein sehr aufgeheiztes, aber fruchtbares Klima.

(Interview der Autorin)

Die Zukunft der Mathematik und der Gesellschaft werden zu gleichrangigen Themen für die Studenten. Hans Föllmer lebt in einer Zeit des Aufbruchs.

HANS FÖLLMER: In den politischen Diskussionen wurde auch die Frage aufgeworfen, welche Rolle die Mathematik in der Gesellschaft spielt. Und da bot sich für uns die Ökonomie an. In einer Gruppe von Doktoranden mit Dieter Sondermann und Ulrich Krause haben wir beschlossen, etwas über mathematische Ökonomie zu machen, und nahmen uns den Text von Debreu „Theory of Value" vor. Den haben wir unter uns verteilt, Referate gehalten und diskutiert. In dieser Gruppe habe ich Dieter Sondermann näher kennengelernt.

(Interview der Autorin)

---

[6]Oberwolfach Workshop: Analytical Methods in Branching Process Theory, vom 4. bis 10. Juni 1967, Leitung: David George Kendall aus Cambridge und Hermann Dinges aus Frankfurt.
[7]Andrei Kolmogorow (1903–1987), „Grundbegriffe der Wahrscheinlichkeitsrechnung", 1930 bei Springer auf Deutsch erschienen.

In seiner Studienzeit sind viele bedeutende Mathematiker zu Gast in Erlangen, und so ist es für Hans Föllmer naheliegend sich an internationalen Entwicklungen zu orientieren. An der englischen Universität Warwick trifft er auf Stephen Smale[8].

> HANS FÖLLMER: Für mich war der nächste Schritt ein Workshop über Ergodentheorie und dynamische Systeme in Warwick. Da erschien auch Smale [29] mit seiner Entourage. Das war eine vibrierende Atmosphäre.
>
> (Interview der Autorin)

Auf seiner Rückreise macht Hans Föllmer Station am CORE, dem Center for Operations Research and Econometrics, einem interdisziplinären Forschungsinstitut an der Université Catholique de Louvain. Dort lernt er Werner Hildenbrand kennen. Häufig zu Gast am CORE sind in dieser Zeit Edmond Malinvaud, Gérard Debreu und Robert J. Aumann[9]. Auf Grund der politischen Verhältnisse der Nachkriegsära wird das CORE zu einer Brücke zwischen den USA und Europa. Debreu und Malinvaud sprechen Französisch und für Robert Aumann ist Deutschland in den 1960er Jahren noch ein Land, das er nicht betreten will.

Vom CORE berichtet Hans Föllmer seinem ehemaligen Studienkollegen Dieter Sondermann, der sich gerade in Saarbrücken in Wirtschaftswissenschaften habilitiert. Daraufhin bewirbt sich Dieter Sondermann dort erfolgreich um einen Forschungsaufenthalt. Von da an entsteht zwischen Werner Hildenbrand, Hans Föllmer und Dieter Sondermann eine langjährige Zusammenarbeit.

Hans Föllmer selbst wendet sich nach seiner Promotion der reinen Mathematik zu. Er will sich auf dem Gebiet von Markovprozessen weiter spezialisieren und hat einen Studienaufenthalt als Postdoktorand bei Eugene Dynkin in Moskau in Aussicht.

Der Studienaufenthalt ist bereits genehmigt, als die sowjetischen Behörden ihre Zusage in letzter Minute zurückziehen. Der Grund: Dynkin hat mit neunundneunzig weiteren Mathematikern eine Petition gegen die Einlieferung des Mathematikers Esenin-Volpin in die Psychiatrie unterschrieben. Dynkin verliert seine Professur an der Lomonossov Universität und wird strafversetzt.

Hans Föllmer orientiert sich um und erhält das Angebot, als Instructor an das MIT, das Massachusetts Institute of Technology, zu gehen. Obwohl er dort in unmittelbarer Nähe von Paul A. Samuelson und Robert Cahart Merton arbeitet, gibt es keine Kontakte. Merton beendet zu dieser Zeit seine Dissertation [23]. Darin wendet er erstmals den Itō-Calculus an. Diese Methode findet Eingang in die Optionspreisformel von Fischer Black und Myron Scholes.

---

[8] Stephen Smale (*1930) erhielt 1966 auf dem ICM Kongress in Moskau die Fields-Medaille zusammen mit Alexander Grothendieck. Grothendieck lehnte es aus politischen Gründen ab, sie in der Sowjetunion entgegenzunehmen. Auch Smale trennte nicht zwischen Mathematik und Politik. Er nahm die Fields-Medaille entgegen, kritisierte aber auf dem Kongress den Umgang der Sowjetunion mit ihren Dissidenten und den mörderischen Vietnam-Krieg Amerikas.

[9] Robert J. Aumann (*1930) emigrierte mit seiner Familie kurz vor der Reichsprogromnacht 1938 von Deutschland über England in die USA.

HANS FÖLLMER: In den Arbeiten von Samuelson und Merton Ende der 60er Jahre ging es nicht nur um den Itō-Calculus, sondern auch um optimales Stoppen von Diffusionsprozessen, und zwar mit einer finanzmathematischen Interpretation.

(Interview der Autorin)

Hans Föllmer bleibt nicht lange am MIT, sondern wechselt als Instructor nach Dartmouth zu James Laurie Snell, der über Markovketten forscht[10]. Dort trifft er auch auf David Kreps.

HANS FÖLLMER: Im Sommer 1971 brachte David Kreps, einer unserer Undergraduates, aus einem Praktikum in den Bell Labs das folgende Problem mit: Welchen Einfluss haben Insiderinformationen beim Verkauf einer Anleihe? Wie lässt sich das mathematisch formulieren und optimieren? Das haben wir diskutiert und darüber hat er dann seine Senior Thesis geschrieben [21]. Das war mein erster Arbeitskontakt mit der Finanzmathematik und daraus ist mein Artikel "Optimal Stopping of Constrained Brownian Motion" entstanden. Diese Richtung habe ich aber zunächst nicht weiter verfolgt. Denn während ich in Dartmouth war, wurden wahrscheinlichkeitstheoretische Methoden in der statistischen Mechanik sehr wichtig, ausgelöst durch Arbeiten von Roland Dobrushin in Moskau[11] und Frank Spitzer[12] in den USA. Und darauf habe ich mich damals konzentriert.

(Interview der Autorin)

Nach seiner Rückkehr aus den USA kann Hans Föllmer in Erlangen seine Forschungsarbeiten, finanziert mit einem Stipendium der Deutschen Forschungsgemeinschaft, fortsetzen. Er habilitiert sich im Sommer 1972 und reist direkt danach zu einem Workshop über „Mathematical Economics" ins französische Luminy (siehe dazu auch Kap. 3). Für seine Arbeiten auf dem Gebiet der Wahrscheinlichkeitstheorie erhält Hans Föllmer große Anerkennung und die Einladung zum Plenarvortrag auf der Jahrestagung der Deutschen Mathematiker-Vereinigung 1974 in Hannover (Abb. 1.1).

1.1 Anschluss an die internationale Forschung

Hans Föllmer kommt von der reinen Mathematik und ist geprägt von den großen Schulen der Wahrscheinlichkeitstheorie in Frankreich und der damaligen Sowjetunion. In den Vereinigten Staaten dagegen kommen Finanzmathematiker fast ausschließlich von Business Schools. Theorien, die die Entwicklung der Finanzmathematik maßgeblich beeinflussen, erscheinen zuerst in amerikanischen Fachzeitschriften für Wirtschaftswissenschaften: das Gleichgewichtsmodell von Arrow/ Debreu, die Markteffizienzhypothese von Eugene Fama oder die Optionspreistheorie von Fischer Black und Myron Scholes [1, 2, 14].

---

[10] James Laurie Snell (1924–2011), promoviert von Joseph Doob.
[11] Roland Dobrushin (1924–1995), promoviert von Andrei Kolmogorow.
[12] Frank Spitzer (1926–1992), US-amerikanischer Mathematiker mit Herkunft Österreich, spezialisiert auf Wahrscheinlichkeitstheorie.

Abb. 1.1 Hans Föllmer hält den Plenarvortrag auf der Jahrestagung der Deutschen Mathematiker-Vereinigung 1974 in Hannover. Sein Thema: „Stochastische Bewegungen und erste Integrale". (Autor: Konrad Jacobs. Quelle: Bildarchiv des Mathematischen Forschungsinstituts Oberwolfach.)

Mit den Gastprofessoren am Mathematischen Institut in Erlangen erreichen die Professoren Bauer und Jacobs eine internationale Ausrichtung des Studiums. Hans Föllmer setzt das fort und erweitert sein Wissen, indem er zu Workshops und Konferenzen fährt. Diese internationale Orientierung ist zu jener Zeit noch keineswegs selbstverständlich. Ludger Rüschendorf[13] fehlt sie damals.

Mein Problem war nach der Dissertation in Hamburg 1974 und dem Wechsel nach Aachen 1976/1977, dass ich versuchte, mich in das damals neu entstehende Gebiet stochastischer Integration, stochastischer Analysis, einzulesen. Dieses Gebiet, das zu einer wichtigen Grundlage der Finanzmathematik wurde, entwickelte sich zu der Zeit rapide. Es gab aber noch keine zusammenhängenden Darstellungen und ich hatte keinen Kontakt zu den hierin führenden Forschungskreisen (z. B. in Straßburg). Es gelang mir nicht, einen Überblick zu gewinnen, so dass ich nach einem Jahr intensiven Lesens aufgab und mir ein anderes Gebiet suchte. Das war also keine systematisch begründete Kritik, sondern nur eine persönliche Geschichte. Von der Finanzmathematik erfuhr ich erst etwa Mitte der 80er Jahre durch die Arbeiten von Harrison, Pliska und Föllmer und Sondermann. In den USA hatte sich nach Black-Scholes, Samuelson und Merton sehr viel früher durch den engeren Zusammenhang zwischen mathematisch ausgerichteten Ökonomen und ökonomisch orientierten Mathematikern ein Grundbestand an Finanzmathematik herausgebildet. Das Samuelson-Modell und dann Diffusionsmodelle waren noch etwas zu speziell, aber die konzeptuellen Grundbegriffe schon klar entwickelt. Durch die allgemeinen Prozesse und die Integrationstheorie der französischen Schule – die Entwicklung wurde nicht durch Finanzmathematik motiviert – entstand dann ab Mitte der 80er, Anfang der 90er Jahre ein großer Schub an neuen Modellen und Fragestellungen mathematischer Art, motiviert durch Finance[14].

Diesen ‚Grundbestand an Wissen', wie Ludger Rüschendorf es nennt, die axiomatische Begründung der Gleichgewichtstheorie und die Hypothese der Markteffizienz von Eugene Fama, hat sich Hans Föllmer in seiner Zeit am Dartmouth College Ende der 1960er Jahre und dann Mitte der siebziger Jahre bei den Ökonomen in Bonn angeeignet. Er kennt die aktuellen Entwicklungen, die Ludger Rüschendorf erst später den Zugang zur Finanzmathematik eröffnen.

Die Wahrscheinlichkeitstheorie ist in Frankreich sehr stark vertreten. Die Seminare von Paul-André Meyer (1934–2003) an der Université de Strasbourg zur Wahrscheinlichkeitstheorie wurden publiziert unter dem Titel „Séminaire de Probabilités de Strasbourg". Sie beziehen sich nicht auf angewandte Mathematik, aber haben dennoch Einfluss auf die Entwicklung der Finanzmathematik.

Die Mathematikerin Nicole El Karoui und der Mathematiker Marc Yor nehmen an den Seminaren in Straßburg teil und wenden sich sehr bald der Finanzmathematik zu. Zu dieser Zeit ist es an französischen Universitäten, und vor allem in Paris, verpönt, für die Finanzindustrie zu arbeiten. In Frankreich stehen Mathematiker in den 1980er Jahren noch mehrheitlich politisch links und sind grundsätzlich gegen angewandte Mathematik, erst recht gegen Anwendungen für militärische Zwecke, die Atomindustrie oder die Finanzwirtschaft [6].

---

[13]Ludger Rüschendorf (*1948), Professor emer. für Mathematische Stochastik an der Albert-Ludwigs-Universität Freiburg.
[14]Ludger Rüschendorf in einer E-Mail vom 17.05.2015 an die Autorin.

HANS FÖLLMER: Bei den Wahrscheinlichkeitstheoretikern in Frankreich war zuerst eine gewisse Distanz zu beobachten im Sinne von: Finance, was soll das! Die Franzosen kannten aber meine Arbeiten zur Martingaltheorie. Ich war oft auf Tagungen in Frankreich und durch mein Studienjahr in Paris hat sich ein intensiver Austausch entwickelt. Damals hat es noch eine Rolle gespielt, dass man Französisch sprach. Und wenn man, wie ich, einen guten Ruf in der Wahrscheinlichkeitstheorie hat und dann anfängt sich mit der Finanzmathematik zu beschäftigen, dann trägt das dazu bei, dass das allmählich an Akzeptanz gewinnt. Es hat auch eine Rolle gespielt, dass ich zusammen mit Dieter Sondermann vermitteln konnte, hier passiert etwas Interessantes auch vom martingaltheoretischen Standpunkt aus. Vor allem Nicole El Karoui hat dann eine zentrale Rolle bei der Entwicklung der Finanzmathematik in Paris gespielt[15].

(Interview der Autorin)

Auf Tagungen und mit Gastvorlesungen erweitert Hans Föllmer seine internationalen Verbindungen. Während seines USA-Aufenthalts am Dartmouth College hält er als Instructor Vorlesungen über Martingaltheorie. Einer seiner Studenten ist David Kreps[16], der später mit seinem Kommilitonen J. Michael Harrison an der Stanford University eine bahnbrechende Anwendung der Martingaltheorie für die Finanzmathematik entwickeln wird [18].

Mathematik ist an amerikanischen Business Schools ein wichtiges Teilgebiet von Operations Research. In den 1990er Jahren formieren sich an amerikanischen Universitäten gegen diesen Trend der Mathematisierung in der Ökonomie kritische Stimmen (Siehe dazu auch Kap. 4).

---

[15]Nicole El Karoui (*1944), Professorin für Angewandte Mathematik an der Université VI Paris und an der Ècole Polytechnique de Paris. Zusammen mit Marc Yor und Gilles Pagés leitete sie den Masterstudiengang für Quantitative Finance.
[16]David Kreps (*1959) promovierte an der Stanford School of Engineering in Operations Research und machte sich als Ökonom einen Namen. Für seine Arbeiten zur nicht kooperativen Spieltheorie verlieh ihm die American Economic Association 1989 die bedeutende „John Bates Clark Medal".

Werner Hildenbrand: Von der Mathematik zur Ökonomie

Werner Hildenbrand wird 1969 mit dreiunddreißig Jahren auf den Lehrstuhl für Wirt-schaftswissenschaften am Institut für Gesellschafts- und Wirtschaftswissenschaften der Bonner Universität berufen. Mit ihm soll das Institut Anschluss finden an die führende neoklassische Wirtschaftstheorie in den Vereinigten Staaten von Amerika. Im Zentrum steht die Mathematisierung in der Ökonomie, aus der sich später die Finanzmathematik als eigenständiges Fachgebiet entwickeln wird.

Nach aufreibenden Jahren kommt Werner Hildenbrand als Emeritus immer noch regelmäßig in sein angestammtes Büro in einer Außenstelle der Universität; zen-trumsnah und schön gelegen in einer urbanen Umgebung. Werner Hildenbrand sitzt in seinem geräumigen Arbeitszimmer. Ihm fällt jetzt eine neue Aufgabe zu: das Ver-fassen von Nachrufen auf seine berühmten Weggefährten. Zuletzt hielt er in Paris einen Vortrag zu Ehren von Edmond Malinvaud.

Über dreißig Jahre war Werner Hildenbrand Ordinarius für Wirtschaftswissen-schaften in Bonn. Aus der langjährigen Zusammenarbeit mit Gérard Debreu und als Herausgeber des *Journal of Mathematical Economics* hatte er viele internationale Kontakte.

Auf dem Tisch vor ihm an der Fensterfront reihen sich Stapel mit Büchern und Zeitschriften. Das Wandregal hinter ihm füllen ebenfalls Bücher, Zeitschriften und Manuskripte bis unter die Decke. Es sind Dokumente einer Epoche, die eine Einheit bilden, solange Werner Hildenbrand sein Büro behält. Was danach damit geschieht ist ungewiss.

Werner Hildenbrand ist 1936 in Göttingen geboren. Sein Vater arbeitete als Aero-dynamiker an dem bekannten Windkanal-Forschungsprojekt. Nach der Machtüber-nahme der Nationalsozialisten wird es als kriegswichtig eingestuft und das hat zur Folge, dass er nach dem Ende des Zweiten Weltkriegs Berufsverbot erhält. Angebote von amerikanischen Forschungszentren schlägt er aus.

A. Handwerk, *Von der Mathematisierung in der Ökonomie zur modernen Finanzmathe-matik*, https://doi.org/10.1007/978-3-662-62637-5_2

Die Familie zieht nach Ravensburg. Dort wächst Werner Hildenbrand auf. Mathematik liegt ihm und so geht er nach dem Abitur zum Studium nach Heidelberg. Einer seiner Lehrer ist Gottfried Köthe, eine Koryphäe auf dem Gebiet der Funktionalanalysis und mit guten Kontakten zu der französischen Gruppe Bourbaki[1]. Köthe fördert Werner Hildenbrand und schlägt ihn für die Studienstiftung des Deutschen Volkes vor. Das eröffnet ihm neue Möglichkeiten. In den Semesterferien belegt er Sprachkurse in Frankreich und Großbritannien. Seine Sprachgewandtheit kommt ihm später zugute. Er promoviert bei Klaus Krickeberg, einem jungen Professor, der schon mit seinem Habitus den Neuanfang in der akademischen Lehre verkörpert[2] und wird dessen Assistent.

WERNER HILDENBRAND: Am Mathematischen Institut in Heidelberg hatte ich als Assistent auch die Aufgabe, mich mit Leuten abzugeben, die kommen und sagen, sie hätten einen bahnbrechenden Beweis erbracht. Es kamen aber auch sehr vernünftige Leute und einer davon war Carl Christian von Weizsäcker, der bei Paul Samuelson am MIT promoviert hatte und mit achtundzwanzig Jahren Ordinarius für Wirtschaftstheorie in Heidelberg geworden war. Der stand eines Tages in der Türe und fragte, ob hier jemand sei, der eine Differentialgleichung lösen könne. Und versprach: Wenn Sie das Problem lösen und sich weiterhin interessieren für Anwendungen der Mathematik, dann könnte ich Ihnen eine Reise nach Rom finanzieren! Die Ford Foundation hat damals der Econometric Society Geld zur Verfügung gestellt, um junge Europäer nach Rom zu dem Weltkongress zu schicken. Denen war klar: Man muss bei den Jungen anfangen, die noch nicht deformiert sind, und das hat mich wahnsinnig gereizt. Vor allem weil ich mich für Kunst interessiert habe! Und aus diesem Grund habe ich alles daran gesetzt, eine Lösung zu finden.

(Interview der Autorin)

Für Anwendungen der Mathematik in den Wirtschaftswissenschaften hat sich Werner Hildenbrand bis dahin nicht interessiert.

WERNER HILDENBRAND: Ich wusste nichts von der Zeitschrift *Econometrica* und nichts von der „Econometric Society", weil ich ja nicht in diesen Kreisen war. Aber ich hatte das Glück, dass ich in Heidelberg bei zwei großen Mathematikern, Köthe[3] und Krickeberg, Funktionalanalysis und Maßtheorie studiert habe. Die Probleme, die in dem Modell von Aumann und der Allgemeinen Gleichgewichtstheorie auftauchten, konnte nur jemand bearbeiten, der mit der Funktionalanalysis und Maßtheorie vertraut war. Und das war ich zufällig. Das war ein Glücksfall. Die anderen, traditionell ausgebildeten Ökonomen, die gerne mitgemacht hätten, hatten diese Voraussetzungen nicht. Funktionalanalysis und Maßtheorie lernt man nicht übers Wochenende.

(Interview der Autorin)

---

[1] Werner Hildenbrand erinnerte sich an das Versteckspiel um Bourbaki. So wurde z. B. ein Seminar mit einem Mathematiker namens ,Bourbaki' angekündigt, der vor seinem Vortrag dann plötzlich erkrankte.

[2] Klaus Krickeberg (*1929) wurde 1958 mit 29 Jahren auf den Lehrstuhl für Wahrscheinlichkeitstheorie an der Universität Heidelberg berufen.

[3] Gottfried Köthe (1905–1989) übernahm 1957 den Lehrstuhl für Angewandte Mathematik an der Universität Heidelberg. Er ist bekannt für seine Untersuchungen auf dem Gebiet linearer topologischer Vektorräume.

Werner Hildenbrand löst das Problem und reist im September 1965 zum Ersten Weltkongress der „Econometric Society" nach Rom. Zunächst besucht er Museen und lässt sich von der Atmosphäre der Stadt treiben. Dann geht er auf den Kongress. Aus dem umfangreichen Programm wählt er in der Sektion „General Equilibrium Theory" einen Vortrag von Gérard Debreu[4]. Sein Titel lautet „Preference Functions on Measure Spaces of Economic Agents". Hildenbrand stellt zu seiner Überraschung fest, dass hier reine Mathematik zur Anwendung kommt. Das beeindruckt ihn. Nach dem Vortrag versucht er mit Debreu in Kontakt zu kommen.

> WERNER HILDENBRAND: Nach dem Vortrag standen Debreu und Aumann zusammen und schrieben in die Luft. Ich war völlig verblüfft, denn da war ja eine Tafel! Warum stehen sie nicht an einer Tafel? Das war ein Freitagnachmittag und bereits der Beginn vom Sabbat. Aus diesem Grund wollte Aumann nicht an einer Tafel mit Kreide schreiben. Ich konnte sie nicht unterbrechen und bin gegangen. Zurück in Heidelberg habe ich Debreu sofort geschrieben, ich sei so begeistert von dem, was ich gehört hätte, und signalisierte mein Interesse, bei ihm zu arbeiten.
>
> (Interview der Autorin)

Gérard Debreu erinnert sich tatsächlich an den jungen Mann, der diese interessante Frage gestellt hatte, und antwortet Werner Hildenbrand.

> WERNER HILDENBRAND: Debreu hat in seinem Vortrag maßtheoretische Begriffe verwendet. Das war mein Spezialgebiet. Darüber habe ich promoviert in Heidelberg. Debreu hatte in seinem Vortrag eine Annahme verwendet, die er nicht explizit ausgeführt hat, weil er glaubte, dass das eh keiner versteht. Aber als ich dann in der anschließenden Diskussion gefragt habe: Was Sie da machen, das geht doch nicht ohne diese Annahme? Da war er erstaunt, dass da einer sitzt, der das versteht! Und als er meinen Brief bekam, hat er sich gesagt, das kann nur der sein, der diese Frage gestellt hat! Er sagte später, er habe lang überlegt, ob er mir das Angebot machen sollte! Das Entscheidende sei gewesen, dass ich in Rom diese Frage gestellt habe. Die Mathematik, die er da benutzt hat, war mein täglich Brot!
>
> (Interview der Autorin)

Gérard Debreu bietet Werner Hildenbrand eine Stelle als Visiting Assistent an. Jung verheiratet und mit seiner kleinen Tochter in einer Tragetasche, so beschreibt Hildenbrand seine Ankunft an der University of California, Berkeley. Zu Gérard Debreu und dessen Frau entsteht bald ein persönliches Verhältnis, denn Französisch spricht man auch bei den Hildenbrands. Jaqueline Hildenbrand ist Französin und versteht sich sehr gut mit Françoise, der Ehefrau Debreus. Sie kommen oft zu gemeinsamen Essen zusammen und begründen eine kleine französischsprachige Enklave. Zwischen Gérard Debreu und Werner Hildenbrand beginnt eine lebenslange Zusammenarbeit und Freundschaft.

---

[4]Gérard Debreu (1921–2004) promovierte in Mathematik, danach Tätigkeit in der Cowles Commission. Mit Kenneth Arrow erbrachte er den mathematischen Beweis der Gleichgewichtstheorie. Ab 1962 Professor für Wirtschaftswissenschaften an der University of California, Berkeley. 1983 erhielt er den Alfred-Nobel-Gedächtnispreis für Wirtschaftswissenschaften.

WERNER HILDENBRAND: Die Existenzsätze von Arrow, Debreu und McKenzie basierten auf bestimmten Annahmen, die man noch verbessern konnte. Man konnte die Theorie mathematisch verfeinern, inhaltlich habe ich nichts dazu beigetragen. Die Gleichgewichtstheorie war formuliert wie auch der Äquivalenzsatz von Aumann, der zeigt, dass zwei ganz verschiedene Gleichgewichtsbegriffe, einmal ein kooperativer und ein nichtkooperativer, unter vollständigem Wettbewerb zusammenfallen. Ökonomen, die Neoklassiker in Amerika, waren es gewohnt, ausgehend von explizit formulierten Modellen, rein rechnerisch vorzugehen. Das lehnte Debreu ab. Er war Mathematiker und dachte in mathematischen Begriffen.

(Interview der Autorin)

Mit der Mathematisierung und Axiomatisierung seiner ökonomischen Theorie wollte Gérard Debreu weitergehen als Paul Samuelson, der mehr Ökonom als Mathematiker war, erklärt Werner Hildenbrand.

WERNER HILDENBRAND: Wir wollten uns lösen vom Vorbild der Physik und mit rein mathematischen Begriffen die Ökonomie beschreiben. Die Gleichgewichtstheorie eröffnete eine neue Art des Denkens in den Wirtschaftswissenschaften. Debreu war der erste, der konsequent eine axiomatische Begründung der Walrasianischen Gleichgewichtstheorie entwickelte.

(Interview der Autorin)

Hildenbrand arbeitet noch nicht lange in Berkeley, als Wihelm Krelle, Professor für Volkswirtschaftslehre in Bonn, ihn besucht und ihm eine Professur in Bonn anbietet.

WERNER HILDENBRAND: Krelle kam nach Berkeley, um im Auftrag einer offiziellen Stelle Deutsche, die in Amerika arbeiten, zurückzuholen. Er war der Einzige, der sich darin auskannte. Er hat nicht nur Leute nach Bonn geholt, die auf seiner Linie waren. Und er hat sich um jeden persönlich bemüht. Krelle war eine Vaterfigur.

(Interview der Autorin)

Wilhelm Krelle versteht es, fähige Wissenschaftler an den Bonner Fachbereich und den Sonderforschungsbereich, den SFB 21 zu holen[5]. Er möchte, dass die Lehre der Wirtschaftswissenschaften in Deutschland den Anschluss an die neoklassische Wirtschaftstheorie findet, die in den Vereinigten Staaten von Amerika führend ist. Hildenbrand nimmt die Professur in Bonn an. Ausschlaggebend ist für ihn, dass der geplante SFB ihm große Freiheiten für eigene Arbeiten bietet. Hildenbrand habilitiert sich in Heidelberg und im Juli 1968 wird ihm die Lehrerlaubnis für das Fach Mathematische Ökonomie und Ökonometrie zuerkannt. Erstgutachter ist der Ökonom Carl Christian von Weizsäcker, Zweitgutachter der Mathematiker Klaus Krickeberg [19].

---

[5] Der Sonderforschungsbereich 21 „Ökonometrie und Unternehmensforschung", später umbenannt in „Ökonomische Prognose, Entscheidungs- und Gleichgewichtsmodelle", wurde von der DFG, der Deutschen Forschungsgemeinschaft finanziert. Die DFG verwaltet einen staatlichen Forschungsetat und vergibt langfristig angelegte Forschungsaufträge an Hochschulen und akademische Einrichtungen.

2.1 Wegbereiter neoklassischer Wirtschaftstheorie

Wilhelm Krelle[6] und Martin J. Beckmann sind in den 1960er Jahren zwei junge Professoren am Fachbereich für Gesellschafts- und Wirtschaftswissenschaften an der Rheinischen Friedrich-Wilhelms-Universität Bonn.

Beide haben bei Walter Eucken in Freiburg in Nationalökonomie promoviert[7]. Eucken ist ein Ökonom, der sich vor allem mit den philosophischen Grundlagen der Wirtschaftspolitik beschäftigt, angeregt von Edmund Husserl. Eucken forscht über eine neue Wettbewerbsordnung, die nicht allein auf der Macht des Kapitals beruht, und gilt als einer der Vordenker der Sozialen Marktwirtschaft, die in den 1960er Jahren zum Leitbild der Wirtschafts- und Sozialpolitik der Bundesrepublik wird. Er war nie Mitglied der NSDAP.

Krelle und Beckmann haben Mathematik und Physik studiert und interessieren sich weniger für Euckens Ideengeschichte der Ökonomie als für Anwendungen naturwissenschaftlicher Methoden in den Wirtschaftswissenschaften. Beckmann erklärt, dass ihn die Arbeiten von Heinrich Freiherr von Stackelberg geprägt haben[8]. Von Stackelberg und Walter Eucken sind nicht nur sehr unterschiedliche Persönlichkeiten, sondern stehen auch für unterschiedliche Theorien. Eucken behandelt Wirtschaftswissenschaften als Gesellschaftstheorie. Von Stackelbergs Schwerpunkt ist die Mathematisierung ökonomischer Prozesse. Dafür interessiert sich Wilhelm Krelle und ist begeistert, als er auf ein Buch zur Wirtschaftstheorie des Amerikaners Paul. A. Samuelson stößt, das zu einem Standardwerk neoklassischer Wirtschaftstheorie wird. Krelle schreibt eine begeisterte Rezension.

> Das Gerüst eines virtuos gehandhabten mathematischen Apparates trägt viele sonst unverbunden und nebeneinander stehende Teile der nationalökonomischen Theorie, wie sie insbesondere von Cournot, Walras, Marshall, Hicks und Keynes unabhängig voneinander entwickelt wurden. Statik, komparative Statik und Dynamik, wieder in strenger Analogie zu den entsprechenden Begriffen in der theoretischen Physik definiert, werden in ihren Beziehungen zueinander deutlich.[9]

---

[6]Wilhelm Krelle (1916–2004), diente als Offizier im 2. Weltkrieg. Nach dem Krieg Studium der Volkswirtschaft, Mathematik und Physik. In den 1950er Jahren an der Harvard University, dem MIT und der Chicago State University.

[7]Walter Eucken (1891–1950), Nationalökonom, Begründer der Freiburger Schule des Ordoliberalismus.

[8]Heinrich Freiherr von Stackelberg (1905–1946), Nationalökonom, trat bereits 1931 in die NSDAP ein. Zuletzt hielt er Vorlesungen an der Universität in Madrid. Eine seiner Publikationen trägt den Titel: *Marktform und Gleichgewicht*, Wien 1934.

[9]W. Krelle, „Wirtschaftstheorie als Mathematik", Bemerkungen zu Paul A. Samuelson, Foundations of economic analysis, in: *Jahrbücher für Nationalökonomie und Statistik,* De Gruyter, Bd. 153 (1951).

Als Rockefeller-Stipendiat geht Beckmann 1950 an die University of Chicago und arbeitet dort zusammen mit Tjalling C. Koopmans von der Cowles Commission[10]. Krelle habilitiert sich bei Erich Preiser in Heidelberg. Danach, im Jahr 1953, bereist er amerikanische Forschungsstandorte. Seine Stationen sind Harvard, MIT, Berkeley und Chicago. 1958 wird er auf den Lehrstuhl für Wirtschaftliche Staatswissenschaften an die Universität Bonn berufen. Er will die Volkswirtschaftslehre erneuern und kann seinen ehemaligen Studienkollegen Beckmann für die Mitarbeit gewinnen. Martin Beckmann übernimmt 1963 den Lehrstuhl für Ökonometrie und Unternehmensforschung[11] und behält weiterhin seine Professur an der Brown Universität von Rhode Island, denn er sieht den Schwerpunkt der Forschung auf dem Gebiet der Ökonometrie in den Vereinigten Staaten. Wilhelm Krelle und Martin Beckmann wollen mathematische Methoden und die Theorie neoklassischer Volkswirtschaftslehre, wie sie sie aus den USA kennen, an die Universität Bonn bringen und beantragen zusammen mit den Professoren Horst Albach und Franz Ferschl ein Forschungsprojekt zur Entwicklung ökonometrischer Prognosesysteme.

> Es ist beabsichtigt, auf dem Gebiet der Ökonometrie zunächst makroökonomische Modelle zu bearbeiten und auf dem Gebiet der Unternehmensforschung sich der mathematischen Optimierung zuzuwenden … Gastprofessuren sind auf den beiden Gebieten angebracht, weil der Schwerpunkt der Forschung auf dem Gebiet der Ökonometrie und Unternehmensforschung in den Vereinigten Staaten liegt.[12]

Die Professoren beantragen Finanzmittel für den DFG-Sonderforschungsbereich 21 (SFB 21), der 1970 seine Arbeit aufnimmt. Volkswirte, Betriebswirte, Statistiker und Mathematiker arbeiten zusammen mit dem Ziel Prognosemodelle zu entwickeln[13]. Als sich in der Regierungshauptstadt Bonn die Große Koalition von CDU und SPD auf die Soziale Marktwirtschaft als wirtschaftspolitisches Leitbild verständigt, entwickelt sich das Institut für Gesellschafts- und Wirtschaftswissenschaften zu einem Zentrum für neoklassische Wirtschaftstheorie.

---

[10]T. Koopmans and Martin Beckmann, Assignment Problems and the Location of Economic Activities; *Econometrica*, Bd. 25, Nr. 1, S. 53–76 (1957).

[11]Martin J. Beckmann (*1924) erhielt 1963 den Lehrstuhl für Ökonometrie und Unternehmensforschung an der Universität Bonn, 1969 Wechsel an die Technische Hochschule München.

[12]Antrag für den Finanzbedarf des Instituts für Ökonometrie und Unternehmensforschung der Universität Bonn für die Jahre 1969 bis 1971.

[13]In dem DFG-Bericht von 1983 heißt es zu dem Forschungsprogramm: Langfristiges Ziel ist die Ausarbeitung theoretischer Modelle zum Verständnis der Funktionsweise ganzer Ökonomien, auf deren Basis dann empirische Modelle für die Gesamtwirtschaft und für einzelne Sektoren und Firmen aufgestellt werden können, die die tatsächliche Entwicklung der Vergangenheit erklären und optimale Entscheidungen ermöglichen. Hierzu müssen Methoden und Verfahren der Parameterschätzung ökonometrischer Systeme sowie das Prognostizieren und Optimieren ausgearbeitet werden.

Die bundesdeutsche Volkswirtschaftslehre geriet nun[14] zunehmend unter den Einfluss der angloamerikanischen Wirtschaftstheorie. Dies veränderte nicht nur die Methoden und Schwerpunkte des Fachs, sondern bewirkte auch einen Wandel des wissenschaftlichen Selbstverständnisses. Die Arbeiten mit komplexen makroökonomischen Modellen, die an die Stelle der verbalen Darstellung traten, die Durchsetzung mathematischer und quantifizierender Methoden und die Etablierung ökonometrischer Prognoseverfahren bedeuteten einen radikalen Bruch, der alle früheren Paradigmenwechsel in den Schatten stellte [25].

In den USA ist die neoklassische Wirtschaftstheorie umstritten. Positionen, wie sie der Ökonom und renommierte Harvard Professor John Kenneth Galbraith vertritt, finden jedoch in Deutschland keine Beachtung.

... in making economics a nonpolitical subject – neoclassical theory, by the same process, destroys its relation with real world.[15]

Die Feststellung von John Kenneth Galbraiht, dass mit der Mathematisierung ökonomischer Prozesse Fragen nach der politischen und ökonomischen Macht ausgeklammert werden, ist heute so aktuell wie damals.

---

[14] Anm. der Autorin: Mitte der 1950er Jahre.
[15] J. K. Galbraith, Power and the useful economist; *Americain Economic Review*, Bd. 63, Nr. 1, S.1–11 (1973).

Die Gründung des *Journal of Mathematical Economics*

In Luminy, an der zerklüfteten Steilküste des Mittelmeers, findet im Sommer 1972 ein denkwürdiger Workshop statt. Aus Berkeley kommen Gérard Debreu, der Mathematiker Stephen Smale und einige ihrer Doktoranden. An dem Workshop nehmen außerdem teil: Birgit Grodal, Karl Vind aus Kopenhagen, Freddy Delbaen aus Brüssel, Hans Föllmer aus Erlangen und Alan Kirman[1].

> WERNER HILDENBRAND: Wir haben uns Ferienhäuser gemietet. Es gab kein festes Tagungsprogramm. Es war alles etwas chaotisch. Meine Assistenten Walter Trockel, Wilhelm Neuefeind und Egbert Dierker steckten noch in ihrer Promotionsarbeit! Wir waren alle jung und wollten auf dem Gebiet der mathematischen Wirtschaftstheorie arbeiten, ohne recht zu wissen, was es ist, außer dem Großmeister Debreu! Am Strand haben wir unsere Seminare abgehalten, das war damals „in". Zwischen den Felsen gab es einen berühmten Nacktstrand. Und um an den Strand für alle zu kommen, mussten wir daran vorbei! Also sind wir zu dem Nacktstrand marschiert und haben uns furchtbar geniert! Aber das gehörte dazu! Wir wollten anders sein als das Establishment!
>
> (Interview der Autorin)

In Luminy wird die Gründung einer Zeitschrift ausschließlich für Mathematical Economics diskutiert. Die „North-Holland Publishing Company" schickt einen Verhandlungspartner. Er reist an in Anzug und Krawatte und scheint zunächst fehl am Platz zu sein. Aber er kehrt mit konkreten Ergebnissen zurück. Die lockere Atmosphäre des Workshops entspricht zwar nicht herkömmlichen akademischen Gepflogenheiten, erweist sich aber als ausgesprochen produktiv.

---

[1] Alan Kirman (*1939) war Anfang der 1970er Jahre Assistent des Wissenschaftsphilosophen und Wissenschaftshistorikers Thomas S. Kuhn an der Princeton University. Kirman, promovierter Mathematiker, hat sich später für Ökonomie habilitiert.

A. Handwerk, *Von der Mathematisierung in der Ökonomie zur modernen Finanzmathematik*, https://doi.org/10.1007/978-3-662-62637-5_3

WERNER HILDENBRAND: Am Strand wurde das „Journal of Mathematical Economics" gegründet! Wir haben beschlossen, diese Zeitschrift für uns aufzumachen, um unsere Arbeiten problemlos veröffentlichen zu können. Denn bei den etablierten Zeitschriften hieß es: Ihr benutzt zu viel Mathematik! Oder bei den Mathematikern hieß es: Die ökonomischen Modelle kennen wir nicht! Die Referee-Prozesse dauerten uns viel zu lange! Wir wollten, dass es schneller geht! Und das war dann auch so, jedenfalls am Anfang!

(Interview der Autorin)

Die Herausgeber des *Journal of Mathematical Economics* wollen den fachlichen Austausch zwischen Ökonomen und Mathematikern verbessern und fordern, dass die Beiträge so formuliert werden, dass Mathematiker die Sprache der Ökonomen und umgekehrt die Ökonomen die Sprache der Mathematiker verstehen.

Im Sommer 1972 ist bereits bekannt, dass Kenneth Arrow der Nobelpreis u. a. für Arbeiten auf dem Gebiet der Gleichgewichtstheorie zugesprochen wird. Obwohl Debreu diese Arbeit mitverfasst hat, geht er leer aus. Umso bedeutsamer ist für Debreu in dieser Situation die Gründung des „Journal of Mathematical Economics", das eine dezidiert mathematische Orientierung haben wird im Gegensatz zu dem „Journal of Economic Theory", gegründet 1968 von dem Arrow-Schüler Karl Shell[2]. Werner Hildenbrand wird Herausgeber des *Journal of Mathematical Economics*, Debreu und Smale zeichnen als Mitherausgeber. Den Beirat bilden vor allem Teilnehmer des Workshops, darunter Namen, die später große Bekanntheit erlangen werden.

WERNER HILDENBRAND: Mathematical Economics – von der ersten Nummer an war ich von der Notwendigkeit überzeugt. Als wir in Berkeley das Seminar machten, habe ich Smale gebeten, er soll mir seine Arbeit zu Debreu[3] für die Zeitschrift geben! Bei Smale hat man nicht lange rumkritisiert!

(Interview der Autorin)

Im August 1974 treffen sich die Luminy-Teilnehmer wieder; diesmal zu einem zweiwöchigen Kolloquium zu Mathematical Economics in Berkeley. Zu den Teilnehmern zählen Hans Föllmer, Werner Hildenbrand und Dieter Sondermann. Vom CORE an der belgischen Universität Louvain kommen Jean Gabszewicz, Freddy Delbaen, Jacques Drèze, Alan Kirman und Jean-Francois Mertens. Unter den Teilnehmern sind vor allem Schüler und Anhänger von Arrow und Debreu, Mathematiker und Ökonomen von den amerikanischen Universitäten Stanford, Cornell, Yale und der Northwestern University[4]. Das Programm ist mathematisch ausgerichtet. Die Vorträge behandeln Aspekte der Gleichgewichtstheorie. Zum Schluss trägt David Gale[5]

---

[2] Karl Shell (*1938) war als Mathematiker von Kenneth Arrow an der Stanford University promoviert worden. Die erste Ausgabe des „Journal of Economic Theory" erschien 1969.

[3] Smale, Stephen: Global Analysis and Economics IIA, Extension of a Theorem of Debreu; *Journal of Mathematical Economics*, Nr. 1 (1974).

[4] Mathematical Social Sciences Board, M.S.S.B. Colloquium on Mathematical Economics, Berkeley, 5.–19. August 1974.

[5] David Gale (1921–2008), US-amerikanische Mathematiker und Ökonom.

einen Vortrag von Eugene Dynkin vor mit dem Titel „Stochastic Models of Economic Development", denn Dynkin hatte in der damaligen Sowjetunion keine Ausreisegenehmigung erhalten.

Dem finanziellen Förderer, dem „Mathematical Social Sciences Board", berichtet Debreu abschließend:

> One hundred twenty-two economists and mathematicians were formally members of the Colloquium. As anticipated, mathematicians formed a minority, but it was a very active and distinguished one. Approximately two thirds of the participants were from the U.S.; the remaining third was divided among Argentina, Belgium, Canada, Denmark, England, France, Germany, Israel, and Norway. The seniority of members covered the widest possible range from intellectual leaders to students entering graduate school.[6]

3.1 Gleichgewichtstheorie – ein neues Anwendungsgebiet

In der ersten Ausgabe des „Journal of Mathematical Economics" erscheint ein Artikel von Hans Föllmer. Er beruht auf einem Vortrag, den er 1972 in Luminy gehalten hat.

> HANS FÖLLMER: Die Idee war: In der Gleichgewichtstheorie hat man ein großes System, viele economic agents, d. h. Marktteilnehmer mit unterschiedlichen Präferenzen: Budgets, Restriktionen, Wünschen, Nachfrage. Das wird koordiniert durch ein Preissystem, und dann gibt es eine Gleichgewichtsallokation. Ich habe die Frage bearbeitet: Wie ist das mit den Präferenzen? Die sind ja nicht naturgegeben! Die hängen ab vom Kontext. Präferenzen sind beeinflusst von der sozialen Umgebung, von den Präferenzen der anderen. Jetzt ist man konzeptionell in derselben Situation wie in Modellen der statistischen Mechanik. Im Ising Modell für Magnetismus unterliegen die einzelnen Teilchen einer Wahrscheinlichkeitsverteilung, aber diese hängt von der Umgebung ab, vom Verhalten der anderen Teilchen. Wenn man diese Idee überträgt auf die Marktteilnehmer, dann können Phasenübergänge auftreten, bei denen makroskopisch das Gesetz der Großen Zahl nicht mehr wirkt, d. h. dass die Gleichgewichtspreise nicht mehr determiniert sind.
>
> (Interview der Autorin)

Hans Föllmer bezieht sich in seinem Artikel dezidiert auf Modelle aus der Physik, in diesem Fall auf das Ising Modell.

> Mathematically, this paper is a survey on recent research in Physics and Probability on interacting particle systems, combined with results of Hildenbrand (1971) on random demand and Debreu (1970) on the existence of price equilibria. The Ising economies of sec. 4 are of course just an economic reinterpretation of the famous Ising model in Statistical Mechanics where it serves to throw some light on critical phenomena like spontaneous

---

[6]Mathematical Social Sciences Board – Letter from Gerard Debreu to Marc Nerlove, Sept. 26, 1974, Stanford, The Edward Feigenbaum Papers, SC0340, Accession: 1986–052, Box: 53, Folder: 39.

magnetization and the coexistence of water and ice. In our context, these critical phenomena reappear as the breakdown of price equilibria.[7]

Nach Luminy wird die Zusammenarbeit von Hans Föllmer und Werner Hildenbrand intensiver. In Bonn ist eine Professur für Statistik ausgeschrieben. Hildenbrands Vorschlag zur Berufung von Hans Föllmer stößt auf Widerstand, denn die Stelle sollte mit einem Ökonomen besetzt werden. Schließlich setzt sich Werner Hildenbrand durch und Hans Föllmer wird 1974 auf den Lehrstuhl für Statistik berufen.

Hans Föllmer arbeitet am SFB, dem Sonderforschungsbereich 21[8]. Die Teilnehmer treffen sich regelmäßig donnerstags. Hildenbrand spricht von „harten Diskussionen" auf den wöchentlichen Sitzungen, die aber meistens mit einem gemeinsamen Essen versöhnlich enden.

Auf einem der Kolloquien des SFB referiert Föllmer über Stochastische Ökonomien.[9] Teilnehmer sind u. a. Reinhard Selten, der 1994 zusammen mit John Nash und John Harsanyi den Alfred-Nobel-Gedächtnispreis für Wirtschaftswissenschaften erhalten wird. Im Protokoll ist über Föllmers Beitrag vermerkt, dass seine Ergebnisse mit denen von Hildenbrand, Malinvaud und Berninghaus über Preisgleichgewichte in großen stochastischen Ökonomien in Beziehung gesetzt werden.

HANS FÖLLMER: Das war für mich eine sehr schöne Nische bei den Ökonomen in Bonn, weil es dort darum ging, ökonomische Phänomene mit Hilfe der Mathematik zu verstehen. Das war ein Grund mich für Bonn zu entscheiden, obwohl ich gleichzeitig andere Angebote für Professuren hatte. Insbesondere war damals schon klar, dass ein ganzes Jahr ein Schwerpunktprogramm zur mathematischen Ökonomie mit Gérard Debreu und einer Gruppe junger Ökonomen aus Berkeley laufen würde.

(Interview der Autorin)

Den Mathematiker Hans Föllmer hat dieser neue Stil in der Ökonomie beeinflusst.

HANS FÖLLMER: Debreu hat Standards gesetzt, was das mathematische Niveau der Argumentation anbelangt. Dazu brauchten wir als Mathematiker nicht Debreu. Aber ohne Debreu hätte diese sehr mathematische Vorgehensweise, z. B. bei der Konstruktion von Absicherungsstrategien für Finanzderivate, nicht so viel Akzeptanz in den Departments für Finance and Economics gefunden! Es war für mich sowieso verblüffend, wie stark solche mathematischen Begriffsbildungen und Argumentationen, z. B. die äquivalenten Martingalmaße, offene Türen vorfanden in den Finance und Economic Departments. Dass die bereit waren, so stark mitzugehen bei der Mathematisierung! Das war faszinierend und es hat auch besonders viel Spaß gemacht, dass man auf Tagungen so viel Gemeinsamkeiten in der Sprechweise und Argumentation fand. In diesem Sinne haben Arrow und Debreu eine große Rolle gespielt.

(Interview der Autorin)

---

[7]Hans Föllmer, Random economies with many interacting agents; *Journal of Mathematical Economics*, Nr. 1 (1974).

[8] SFB 21, Sonderforschungsbereich der DFG, der Deutschen Forschungsgemeinschaft, Laufzeit 1970–1984, der ursprüngliche Titel „Ökonometrie und Unternehmensforschung" wurde später umbenannt in „Ökonomische Prognose-, Entscheidungs- und Gleichgewichtsmodelle".

[9]Kolloquium zu Ökonometrie und Unternehmensforschung, Universität Bonn, 24.–25.02.1975.

Freddy Delbaen studiert in den 1960er Jahren Mathematik an der VUB, Vrije Universiteit Brussel. Wie Hans Föllmer und Werner Hildenbrand sucht auch er nach neuen Anwendungsgebieten in der Mathematik. Dabei stößt er in einem Artikel von Claude Henry auf die Gleichgewichtstheorie[10].

FREDDY DELBAEN: Ich bin Mathematiker und meine mathematische Ausbildung bestand aus Funktionalanalysis und Wahrscheinlichkeitstheorie, Maßtheorie. Das ist ziemlich strenge Logik. Und dass man damit die Ökonomie oder Teile der Ökonomie formalisieren kann, das war selbstverständlich sehr attraktiv. Populär war es, Mathematik in der Physik anzuwenden. Aber das war nicht neu. Das hat es schon lange gegeben. Aber dass man beweisen kann, dass es ein Gleichgewicht gibt, das war sehr speziell. Man fängt an mit ganz normalen, logischen Beschreibungen, sehr mathematisch, und man geht weiter und weiter und schlussendlich kommt man auf das Theorem. Für Mathematiker, die ein Gefühl haben für Anwendungen und gerne reine Mathematik anwenden, ist das sehr interessant. Die Mathematik ist nicht trivial. Aber Modellieren ist nicht immer einfach. Manche stellen sich unter Modellieren vor, man könne Probleme der Realität berechnen. Nein, das Problem ist, wir müssen erst ein Modell aufstellen. Und das war das Schöne an der Gleichgewichtstheorie, dass man Probleme aus der Ökonomie umsetzen und mathematisch beschreiben konnte. Manchmal war es ein bisschen weit weg von der Realität, aber die Fundamente waren immer da. Die mathematischen Probleme waren nicht einfach und zur Lösung wurde die Funktionalanalysis, Maßtheorie, Wahrscheinlichkeitsrechnung, die Analysis und sogar die Differentialtopologie herangezogen. Man musste schon ein bisschen „graduate studies" betreiben und tiefer eintauchen, um die Dinge zu begreifen.

(Interview der Autorin)

Lucien Waelbroeck, Delbaens Doktorvater, ebnet ihm den Weg an das CORE an der Université catholique de Louvain[11], einem Zentrum der Forschung und Lehre der Gleichgewichtstheorie. Während der Studentenunruhen 1968 kommt es zu einer Teilung in eine flämisch- und eine französischsprachige Universität. Das CORE schließt sich der Université catholique de Louvain an, d. h. der französischsprachigen Seite. In dieser turbulenten Zeit kommt Freddy Delbaen an das CORE. Dass dort Französisch gesprochen wird, ist für ihn kein Problem. Als polyglotter Belgier spricht er Französisch, Flämisch, Deutsch und Englisch.

FREDDY DELBAEN: Das CORE war ein Zentrum für Frankreich und die USA[12]. Es gab eine sehr gute Interaktion zwischen all diesen Leuten und ihren unterschiedlichen Gedanken über mathematische und ökonomische Probleme. Für ökonomische Theorie gab es damals vier Zentren: Berkeley, Stanford, Jerusalem und das CORE. Jacques Drèze war als Wissenschaftler auf dem Gebiet der ökonomischen Theorie ganz vorne – und als Mensch außergewöhnlich. Seine Ansicht war: Die Wissenschaft kann sich nur entwickeln, wenn die Leute miteinander sprechen. Debreu war Franzose und Jacques Drèze hatte eine Art von vertrauter Umgebung kreiert, in der sich alle wohlfühlen. Jeder war willkommen. Je mehr, desto besser. Die Idee

---

[10]Claude Henry, Indivisibilités dans une économie d'échanges; *Econometrica*, Bd. 38, Nr. 3, S. 542–558 (1970).

[11]CORE, Center for Operations Research and Econometrics, gegründet 1966 von Jaques Drèze an der Université catholique de Louvain.

[12]Mit Robert Aumann kamen viele Leute aus Jerusalem an das CORE wie David Schmeidler, 1969 promoviert von Aumann an der Hebräischen Universität Jerusalem.

von Jacques Drèze war, gute Leute zusammenzubringen. So entstand eine Diskussionsplattform. Und darauf waren auch die Seminare ausgerichtet. Das waren keine Seminare, in die man kam und nach einer dreiviertel Stunde wieder nach Hause ging! Vielleicht noch fünf Minuten Höflichkeitsfragen und dann ist Schluss! Nein, das waren Arbeitsseminare, wo man diskutierte und auch mittendrin sagen konnte: ‚Ich bin nicht einverstanden'! Oder: ‚Das geht besser'! Man musste seine Gedanken äußern!

(Interview der Autorin)

Über das CORE kommt Delbaen in Kontakt zu Werner Hildenbrand und Dieter Sondermann. Auf den Workshops und Konferenzen in Luminy, Berkeley und Cornell lernt er auch Hans Föllmer kennen.

FREDDY DELBAEN: Wir waren eine Gruppe von Mathematikern, die Interesse hatten an ökonomischen Problemen, und haben gesehen, dass man mit Mathematik gewisse ökonomische Probleme beschreiben und erklären kann. Wir waren alle in einem Alter, hatten die gleiche Ausbildung, die gleichen Prozesse durchlaufen und in vergleichbaren Bereichen gearbeitet, ohne viel miteinander zu korrespondieren! Ein Brief dauerte damals eine Woche! E-Mail gab es noch nicht! Es war kein Netzwerk. Aber natürlich haben wir uns auf Konferenzen und Workshops immer wieder getroffen!

(Interview der Autorin)

3.2   Der Austausch zwischen Bonn und Berkeley

In den USA gilt die Allgemeine Gleichgewichtstheorie in den Wirtschaftswissenschaften sehr bald als eine anerkannte Theorie in Praxis und Lehre. In Deutschland ist sie dagegen nur wenig bekannt. Schon an geeigneter Literatur fehlt es. Deshalb initiiert Werner Hildenbrand kurzerhand ein Übersetzerkollektiv. Zusammen mit Föllmer, Sondermann und weiteren Bonner Kollegen übersetzt er Debreus *Theory of Value* (1959) ins Deutsche. Unter dem Titel *Die Werttheorie* erscheint das Buch im Dezember 1976 in der Reihe Hochschultexte im Springer-Verlag.

Ein weiterer Meilenstein, um die Gleichgewichtstheorie bekannt zu machen, ist ein Workshop zu „Mathematical Economics" am Mathematischen Forschungsinstitut in Oberwolfach,[13] organisiert von Hans Föllmer, Werner Hildenbrand und Dieter Sondermann. Die treibende Kraft ist dabei Gérard Debreu. Der harte Kern von Luminy trifft sich jetzt im Schwarzwald. Aus Berkeley kommen Gérard Debreu, seine Doktoranden Jean-Michel Grandmont und Andreu Mas-Colell, und aus Kopenhagen Birgit Grodal und Karl Vind. Weitere Teilnehmer sind der spätere Nobelpreisträger Robert Aumann, Edmond Malinvaud und René Thom.

Das neue Gebiet „Mathematical Economics" lässt sich mit „Wirtschaftsmathematik" nur unzureichend übersetzen, denn Wirtschaftsmathematik ist ein technischer

---

[13]Der erste Workshop am Mathematischen Forschungsinstitut Oberwolfach zu „Mathematical Economics" fand vom 30.01.–05.02.1977 statt.

Begriff. Dagegen umfasst „Mathematical Economic" mit der Gleichgewichtstheorie ein neues Forschungsgebiet innerhalb der Wirtschaftswissenschaften.

Der Workshop am Mathematischen Forschungsinstitut Oberwolfach soll vor allem das Interesse von Mathematikern an ökonomischen Fragen wecken. Die Tatsache, dass Mathematiker wie Stephen Smale und René Thom, beide wurden mit der Fields-Medaille ausgezeichnet, sich diesem Gebiet zuwenden, hat Signalwirkung.[14] Der Mathematiker Don Zagier, damals sechsundzwanzig Jahre alt, hält auf diesem Workshop einen Vortrag über „Indices of Inequality"[15]. Für Don Zagier bleibt das Interesse an Mathematical Economics eine Episode. Er wendet sich bald wieder der reinen Mathematik zu, der Zahlentheorie und Topologie.

Gérard Debreu erhält den Humboldt-Forschungspreis und ist von Dezember 1976 bis Mai 1977 in Bonn[16]. Mit ihm kommt eine Gruppe junger Ökonomen von der University of California, Berkeley mit Andreu Mas-Colell, Truman Beweley und Mukul Majumdar. Offizielle Gastgeber sind Werner Hildenbrand, Wilhelm Krelle und Carl Christian von Weizsäcker. Debreu trifft in Bonn auf ein aktives wissenschaftliches Forschungsumfeld. Seine Theorie wird rezipiert und gewinnt an Bekanntheit. Bei Werner Hildenbrand laufen die Fäden zusammen (Abb. 3.1).

WERNER HILDENBRAND: Das wurde damals kritisch beäugt, war aber bestens vernetzt mit Berkeley, Harvard, Stanford und mit Robert Aumann in Jerusalem.

(Interview der Autorin)

---

[14]Auf kontroverse Debatten auf dem Workshop „Mathematical Economics" vom 30.01.–05.02. 1977 weist ein Kommentar in ungewöhnlicher Form im Vortragsbuch hin. Neben dem Titel „Mathematical Economics" ist ein Teufel mit einer Waage gezeichnet, darunter steht „Disequilibrium". Die Zeichnung wird W. J. Shafer zugerechnet.

[15]D. Zagier, Inequalities for the Gini Coefficient of composite populations, *Journal of Mathematical Economics*, Bd. 12, Nr. 2, S. 103–118 (1983).

[16]Gérard Debreu erhielt 1977 die Ehrenpromotion der Universität Bonn und kam zu weiteren Aufenthalten in den Jahren 1982 und 1995 nach Bonn. 1983 wurde ihm der Alfred-Nobel-Gedächtnispreis für Wirtschaftswissenschaften verliehen.

Abb. 3.1 Werner Hildenbrand (l) und Gérard Debreu (r) auf einer Tagung über „Mathematical Economics" im Januar 1977 am Mathematischen Forschungsinstitut Oberwolfach. Die Tagungsleiter: Hans Föllmer, Werner Hildenbrand und Dieter Sondermann. (Autor: Konrad Jacobs. Quelle: Bildarchiv des Mathematischen Forschungsinstituts Oberwolfach.)

Die Mathematisierung in den Wirtschaftswissenschaften

4

Die Gleichgewichtstheorie steht im Zentrum neoklassischer Wirtschaftstheorie. Ausgehend von den USA, wird sie in den fünfziger Jahren zu einer international führenden Wirtschaftstheorie. Der Historiker Mark Blaug[1] spricht von einer intellektuellen Transformation nach dem Ende des Zweiten Weltkriegs und nennt zwei Publikationen, die für diese Entwicklung stehen: die Gleichgewichtstheorie von Arrow und Debreu von 1954 und Paul Samuelsons Standardwerk „Volkswirtschaftslehre: Eine Einführung"[2] [3]. Den Begriff „Formalist Revolution" hat Mark Blaug von Benjamin N. Ward übernommen, der ihn in seinem Buch „What's wrong with economics?" (Basic Books 1972) zum ersten Mal verwendet hat[3]. Ward ist Professor für Vergleichende Theorie der Wirtschaftssysteme am Department of Economics der University of California, Berkeley, und zwar zu einer Zeit, in der auch Gérard Debreu dort lehrt. An dem Department sind also Anfang der 1970er Jahre sehr unterschiedliche Lehrmeinungen vertreten.

Und eine Reihe einflussreicher Ökonomen äußern grundlegende Einwände gegen die immer stärker werdende Tendenz der Formalisierung ökonomischer Prozesse.

> .... in making economics a nonpolitical subject – neoclassical theory, by the same process, destroys its relation with real world[4] [16].

---

[1]Mark Blaug (1927–2011), Wirtschaftshistoriker, zuletzt Professor an der University of London.

[2]Mark Blaug nennt explizit die dritte Ausgabe von Paul A. Samuelson, Economics, an introductory analysis, 3. Edition, McGraw-Hill, 1955, in der Samuelson erstmals den Begriff einer „neoclassical synthesis" verwendet.

[3]Mark Blaug vermerkt ausdrücklich, dass er den Begriff „Formalist Revolution" von Benjamin N. Ward übernommen hat.

[4]John K. Galbraith (1908–2006), Power and the useful economist; *Americain Economic Review*, Bd. 63, Nr. 1, S. 1–11 (1973).

A. Handwerk, *Von der Mathematisierung in der Ökonomie zur modernen Finanzmathematik*, https://doi.org/10.1007/978-3-662-62637-5_4

Unter einem ganz anderen Aspekt kritisiert der Wissenschaftshistoriker Philip
Mirowski (*1951) Ende der 1980er Jahre die neoklassische Wirtschaftstheorie:

> After physical theory was consolidated in the mid-nineteenth century around the mathema-
> tical formalism of energy and the field concept, the revised picture of the physical world was
> rapidly incorporated into a new economic theory much more mathematical and formal in
> character than classical economics. In this theory, energy became transmuted into „utility".
> This utility was suffused throughout an abstract commodity space, and was the primary
> motive force behind economic activity: that is, it constitued a field. Theoretical analysis
> assumed the format of variational or extremal principles, such as Lagrange's technique of
> locating extrema under constraints, employing the prinicple of undetermined multipliers.
> Constrained optimization became the hallmark of neoclassical theory, its hard core being
> the postulation of a psychological field which behaved, for all intents and purposes, just like
> potential energy [24].

Philip Mirowski ist der Sache auf den Grund gegangen und hat untersucht, in welcher
Art und Weise in der neoklassischen Wirtschaftstheorie mathematische Beschrei-
bungen physikalischer Prozesse auf soziale Prozesse übertragen wurden. Er greift
mutig die führende neoklassische Wirtschaftstheorie an und deren einflussreichen
Begründer, den Nobelpreisträger Paul A. Samuelson. Seine Kritik wird erst nach der
Finanzkrise in einem größeren Umfang rezipiert. Siehe dazu Kapitel 8.

Der britische Wirtschaftswissenschaftlers Geoffrey Hodgson editiert eine Text-
sammlung, die den Verlauf der Mathematisierung und Formalisierung in den
Wirtschaftswissenschaften dokumentiert. Sie enthält Schlüsseltexte sowohl von
Wegbereitern als auch von Kritikern. Mark Blaug ist mit einem Aufsatz über die
Allgemeine Gleichgewichtstheorie der beiden Nobelpreisträger Kenneth Arrow und
Gérard Debreu vertreten.

> It is not difficult to see that the Arrow-Debreu article is formalism run riot, in the sense that
> what was once an economic problem – Is simultaneous multi-market equilibrium actually
> possible?- has been transformed into a mathematical problem, which is solved, not by the
> standards of the economic profession, but by those of the mathematics profession[5] [28].

Ein Beispiel, wie die Mathematisierung vorangetrieben wurde: In der Einleitung zu
ihrem Artikel „Existence of an equilibrium for a competitive economy", der 1954 in
der Zeitschrift *Econometrica* erscheint, weisen die Autoren Arrow und Debreu auf
die Vereinfachungen ihrer Annahmen hin.

> Finally a simplification of the structure of the proofs has been made possible through use of
> the concept of an abstract economy, a generalization of that of a game[6].

---

[5]Mark Blaug, The Formalist Revolution of the 1950s (2003); in: Warren J. Samuels, Jeff E. Biddle
and John B. Davis (eds), A Companion to the History of Economic Thought, Blackwell Publishing
(2011).
[6]Kenneth Arrow and Gérard Debreu: Existence of an equilibrium for a competitive economy;
Econometrica, Bd. 22, Nr. 3, S. 265–290 (1954).

Doch diese Vereinfachungen, erklärt Werner Hildenbrand, beruhten nicht auf empirischen Beobachtungen.

> WERNER HILDENBRAND: Arrow und Debreu haben Vereinfachungen der Annahmen vorgenommen, um eine schon bekannte Technik, den Fixpunktsatz, anwenden zu können.
>
> (Interview der Autorin)

Werner Hildenbrand bestätigt die Ausführungen von Mark Blaug, wonach Vereinfachungen in der Darstellung ökonomischer Prozesse dazu dienen, mathematische Methoden anwenden zu können. In seinem Artikel über „The formalist revolution of the 50s" schreibt Mark Blaug:

> With the triumph of formalism, the economists' community began ever more to resemble the community of mathematicians; finding an elegant generalization of an established result, or a new application of a well-known concept, became the only desiderata of young aspirants in the subject; cleverness, not wisdom or a concern with actual economic problems, now came to be increasingly rewarded in departments of economics around the world. The past half century has only seen a continuous onward march of this trend. The Formalist Revolution was a watershed in the history of economic thought, and the economists of today are recognizably the children of the revolutionaries of the 1950s [4].[7]

Doch dabei lässt Mark Blaug außer Acht dass diese erste Generation, die er als ‚Nachkommen der Revolution des Formalismus' bezeichnet, nicht nur technokratische Erfüllungsgehilfen sind, sondern diplomierte und promovierte Mathematiker, die nach Studium und Forschung in der Mathematik nach einer akademischen oder beruflichen Laufbahn suchen. Ausgerechnet in den Wirtschaftswissenschaften werden sie gebraucht, denn bis dahin gehörte anspruchsvolle Mathematik nicht zu diesem Fachgebiet. So war es zum Beispiel bei Werner Hildenbrand. Von den Anwendungen der reinen Mathematik in den Wirtschaftswissenschaften war er begeistert.

> WERNER HILDENBRAND: Ganz am Anfang haben wir das gar nicht hinterfragt. Ich habe das so gesehen, wie man das in der Mathematik sieht: sind interessante Axiome, das ist ein interessantes Modell, das ist eine interessante Frage. Das Modell hat man so naiv genommen, wie es war. Naiv! Das ist der richtige Begriff. Ich habe mich gefreut, dass ich da ein mathematisches Problem habe, das ich lösen kann und das mir Ansehen bringt, weil die Ökonomen damals nicht so viel Mathematik konnten. Das war das Einzige, wo man einen Riesenvorsprung hatte. Später hatte ich die Illusion, dass diese Modelle vergleichbar sind mit denen eines Flugzeugbauers: eine Vereinfachung und ein Abbild der Realität. Und das ist das, was die meisten Ökonomen glauben. Sie benützen das Modell, um Prognosen zu machen, Prognosen über die reale Welt! Nicht nur über die Fabel. Dass die Modelle ein vereinfachendes Abbild der Realität sind, glaube ich nicht mehr. Die Modelle der Naturwissenschaften sind empirisch begründet. Unsere Modelle sind ja nicht empirisch.
>
> (Interview der Autorin)

---

[7]Mark Blaug, The formalist revolution of the 50s; *Journal of the history of economic thought*, Jg. 25, Nr. 3, S. 145–156 (2003).

Heute betrachtet Werner Hildenbrand mathematische Modelle in der Ökonomie als Fabeln und Hilfskonstruktionen, um Strukturen und Prozesse in der Wirtschaft zu beschreiben. Und er ist davon überzeugt, dass dadurch auch wegweisende Neuerungen entstanden sind.

> WERNER HILDENBRAND: Der ästhetische Gesichtspunkt war doch ganz entscheidend! Debreus „Theory of Value" [8] war einfach schön. Wenn man die Mathematik kann, dann ist das ein Bijoux! Ein Juwel. Von der Walras'schen Theorie, dieser Wertlehre, wusste man nicht, ob sie konsistent ist. Das war seit 1870 die offene Frage: Können die Preise individuelle Entscheidungen dezentralisieren? Das ist eine fundamentale Frage für die Ökonomie und die konnte man allgemein nicht beantworten. Nach Arrow und Debreu war erst die Mikrotheorie geschaffen! Vorher war die Mikrotheorie nur Partialanalyse. Damit war Debreu in der Cowles Commission ein Star. Dass die Neoklassik damit ihren Siegeszug antrat, das war doch klar! Auf einmal diese Klarheit! Ab Debreu hat man ja ganz anders geschrieben in der Ökonomie.
>
> (Interview der Autorin)

Warum der streng mathematische Stil von Debreu so einflussreich werden konnte, diese Frage stellen die Wissenschaftshistoriker Philip Mirowski und Roy Weintraub. Erstmals bringen sie diesen Stil Debreus, der mit der Allgemeinen Gleichgewichtstheorie in den Wirtschaftswissenschaften Schule macht, mit der Gruppe Bourbaki in Frankreich in Verbindung.

> The Bourbakism propagated by Cowles had rendered this identification something well beyond the usual adoption of some characteristic models by an academic school; it had become conflated with the very standard of mathematical rigor in economic thought.... While Debreu hoped that raised standards of mathematical economics would put economic discourse on a more stable basis, there was never any formal reason to believe it would be so [30].[8]

Mit seiner Werttheorie setzt Debreu seine streng mathematische Beweisführung fort. Dieses schmale Buch von achtzig Seiten gilt als das Hauptwerk von Debreu. Er entwirft eine Preistheorie mit strenger mathematischer Logik. Nur Debreu konnte so etwas, davon ist Werner Hildenbrand überzeugt. Trotzdem würde er Debreu nicht als Bourbakisten bezeichnen.

> WERNER HILDENBRAND: Der Stil von Debreu ist beeinflusst durch seine Mathematikausbildung in Paris. Er wurde ausgebildet von Bourbakisten, aber er ist selbst kein Bourbakist. Er hat keine rein mathematische Arbeit geschrieben. Aber er hatte eine große Vorliebe für die abstrakte Mathematik. Er zitierte gerne einen Satz von Gauß, der sinngemäß sagte, die Unkultur eines Mathematikers ist zu rechnen[9].
>
> (Interview der Autorin)

---

[8]Roy E. Weintraub and Philipp Mirowski: The Pure and the Applied: Bourbakism Comes to Mathematical Economics; *Science in Context,* Bd. 7, Nr. 2, S. 245–272 (1994).
[9]Das Zitat von Carl Friedrich Gauß im Wortlaut: Der Mangel an mathematischer Bildung gibt sich durch nichts so auffallend zu erkennen, wie durch maßlose Schärfe im Zahlenrechnen.

Werner Hildenbrand vertritt die Position, dass im Fall der Allgemeinen Gleichgewichtstheorie zwei Entwicklungen zusammengekommen sind. Wichtige Vorarbeiten
waren von dem schwedischen Mathematiker und Ökonomen Gustav Cassel, dem
Wiener Kreis um Karl Menger, Abraham Wald und John von Neumann geleistet
worden.[10]

> WERNER HILDENBRAND: Der Übergang vom Konkreten zum Allgemeinen, ich würde sagen,
> das geht zurück auf Hilbert! Ein berühmter Spruch von Hilbert lautet, dass alles, was reif ist
> für eine Theorie, der Mathematik zufällt.[11] Mathematik ist Denken in abstrakten Begriffen!
> Die abstrakte Methode, das hat schon von Neumann gemacht. John von Neumann hat 1928
> zum ersten Mal einen Fixpunktsatz benutzt. Und der Fixpunktsatz war die Grundlage für
> die Entwicklung der Gleichgewichtstheorie, ihrer Methodik und Mathematik.
>
> (Interview der Autorin)

Ein berühmter Mathematiker hat die Formalisierung in der Mathematik eingeleitet:
David Hilbert. Weiter geführt wird sie von der Gruppe Bourbaki, die sich auf Hilberts
Grundlagenprogramm beruft.

Norbert Schappacher[12], Mathematiker und Wissenschaftshistoriker, hat sich mit
diesen Entwicklungen intensiv befasst. Er arbeitet häufig am berühmten Universi-
tätsarchiv für die Geschichte der Mathematik und Naturwissenschaften, begründet
von Felix Klein in Göttingen. Dort, am Stadtwall, unter hohen Bäumen, steht das
Gauß-Weber-Denkmal: Zwei Bronzefiguren, der Mathematiker Gauß sitzend und
der Physiker Wilhelm Weber neben ihm, beide wie im Gespräch. Das Denkmal soll
an ihre bahnbrechende Erfindung des elektromagnetischen Telegraphen erinnern.

Anlässlich der Enthüllung im Jahr 1899 verfasst David Hilbert eine Festschrift
mit dem Titel *Grundlagen der Geometrie,* die epochale Bedeutung erlangt.[13]

Norbert Schappacher führt aus, dass sich Carl-Friedrich Gauß schon zu Beginn
des 19. Jahrhunderts in Briefen zu nicht-euklidischen Geometrien geäußert, aber sie
nie veröffentlicht und David Hilbert aber genau diesen Schritt mit seiner Festschrift
vollzogen habe.

---

[10] Edmond Malinvaud, Existence proofs of general équilibrium: Looking forty years back, Anniver-
sary Lecture, General Equilibrium Conference (1993), Ottignies-Louvain-La-Neuve, Organizing
Committee: Birgit Grodal, Frank Hahn, Werner Hildenbrand.

[11] Das Zitat von David Hilbert im Wortlaut: Alles was Gegenstand des wissenschaftlichen Denkens
überhaupt sein kann, verfällt, sobald es zur Bildung einer Theorie reif ist, der axiomatischen Methode
und damit mittelbar der Mathematik.

[12] Norbert Schappacher (*1950), Professor für Mathematik an der Université de Strasbourg. Herausgeber der *Revue d'Histoire des Mathématiques.*
   (Das Interview fand 2017 in Berlin statt.)

[13] David Hilbert, Grundlagen der Geometrie, in: Festschrift zur Feier der Enthüllung des Gauß-
Weber-Denkmals in Göttingen, Leipzig 1899.

NORBERT SCHAPPACHER: Hilbert führt die Idee einer formalistischen Mathematik am Beispiel der Geometrie aus. Er bezieht sich auf Euklid und seine axiomatische Theorie der Elemente. Bei Euklid hatten Begriffe wie Punkt, Gerade, Ebene eine anschauliche Bedeutung, die man ihnen auch normalerweise zumisst. Hilbert beginnt seine Ausführungen zu den Grundlagen der Geometrie mit einer Provokation für den Leser. Ganz unvermittelt beginnt er mit den Worten: „Erklärung. Wir denken drei verschiedene Systeme von Dingen: die Dinge des ersten Systems nennen wir Punkte und bezeichnen sie mit A, B,C...; die Dinge des zweiten Systems nennen wir Geraden a, b, c ...; die Dinge des dritten Systems nennen wir Ebenen α, β, γ". Im nächsten Absatz wird dann erklärt, dass es auf die Natur dieser Dinge für die mathematische Theorie überhaupt nicht ankommt, sondern nur auf die Beziehungen zwischen den Dingen. Also: zwei Punkte bestimmen eine Gerade, die dann durch diese Punkte geht. Aber das ist nur eine Redensart. Es geht darum, ob zwischen den Dingen des ersten Systems und den Dingen des zweiten Systems diese Beziehung, dieser Zusammenhang besteht, dass je zwei verschiedene Dinge des ersten Systems genau ein Ding des zweiten, also eine sogenannte Gerade bestimmen. Das heißt, die Grundbegriffe der Theorie werden ihrer ursprünglichen anschaulichen Bedeutung entleert und damit eröffnen sich Anwendungen der formalen mathematischen Theorie, die ungleich größer sind als wie sie bis dahin bestanden. Egal welcher Natur die Dinge sind, in der formalen Geometrie müssen nur die Axiome stimmen und die entsprechende formale mathematische Theorie.

(Interview der Autorin)

Mit seiner Festschrift von 1899 und weiteren Untersuchungen zur Arithmetik wird Hilbert zum Urheber und Wegbereiter einer modernen, formalistischen Mathematik. Sein Vorstoß trifft auf allgemeine Zustimmung unter den Mathematikern.

NORBERT SCHAPPACHER: In seinem Vortrag zum Internationalen Mathematikerkongress im Sommer 1900 in Paris stellt er zu Beginn des neuen Jahrhunderts seine berühmten dreiundzwanzig Hilbertschen Probleme auf. Darin nimmt er das Programm der Axiomatisierung in Bezug auf die Physik wieder auf. Denn das sechste Hilbertsche Problem ist die Forderung der Axiomatisierung der Physik. Da werden verschiedene Teilgebiete der Physik, z. B. die Mechanik, erwähnt und am Schluss nennt er als Teilgebiet der Physik die Wahrscheinlichkeitstheorie. Er fordert eine axiomatische Formalisierung, wie er sie in den „Grundlagen der Geometrie" durchgeführt hatte.

1933 erscheint auf Deutsch von Andrei Kolmogorow *Die Grundlagen der Wahrscheinlichkeitsrechnung*. In seiner Schrift stellt er eine formalistische, axiomatische Wahrscheinlichkeitstheorie auf.

Gut ein Jahr später beginnt eine Gruppe von jungen französischen Mathematikern, die sich von der Eliteschule École Normale Supérieure in Paris kennen, mit einem Projekt, die gesamte Mathematik systematisch enzyklopädisch aufzubauen, beginnend mit der Mengenlehre, eins auf dem anderen aufbauend, das ganze formalistisch. Das Projekt nennen sie später „Bourbaki". Sie knüpfen ganz offensichtlich dort an, wo Hilbert eine Generation zuvor begonnen hat. Das belegt ein Artikel von Claude Chevalley, einem der Gründungsväter der Gruppe Bourbaki. Sein Artikel über die Frage des mathematischen Stils erscheint 1935 in einer philosophischen Zeitschrift. Er vergleicht darin zwei verschiedene mathematische Stile. Den einen ordnet er Weierstraß zu, den anderen dem Namen Hilbert. Und er beschreibt die Art und Weise, wie Hilbert die Mathematik auffasst: Anstatt einer formalen mathematischen Theorie, in der konkrete Objekte relativ genau beschrieben werden, abstrahiert man von den ursprünglichen Objekten, um nur noch die Beziehungen zwischen den verschiedenen Teilen im Auge zu behalten. Und um dann herauszufinden, an welcher Stelle ein gewisser mathematischer Satz aus theoretischen Gründen genau seinen Platz zu finden hat, in einem systematischen, formal befriedigenden Aufbau der Mathematik. Das ist das große

Projekt von Bourbaki. Und bevor der Name noch eingeführt ist, wird das als „Hilbert'scher Stil der Mathematik" vorgestellt.

(Interview der Autorin)

Mit Hilberts Grundlagenprogramm wird Göttingen zu einem Zentrum für Lehre und Forschung in der Mathematik. Herbert Meschkowski kolportiert einen Ausspruch von Hilbert; Demnach könne man statt „Punkte, Geraden und Ebenen" jederzeit auch „Tische, Stühle und Bierseidel" sagen; es komme nur darauf an, dass die Axiome erfüllt seien. Ulrich Majer [14], Mitherausgeber der Schriften Hilberts, schränkt diese Interpretation ein.

ULRICH MAJER: Für Hilbert war die Geometrie eine inhaltliche Theorie, die auf möglichst einfache Grundsätze gebracht werden sollte. Er betrachtete sein Axiomensystem als eine Analyse unserer anschaulichen Vorstellung vom Raum. Das Einzige, wo er über die euklidische Geometrie hinausging, war der metalogische Umstand, dass er sagte: Mich interessiert jetzt vor allem die Frage der Abhängigkeit und Unabhängigkeit der Axiome untereinander und dafür musste er ein Modell entwickeln. Und da kam es nur auf die logischen Beziehungen an und das führte zu einer gewissen Distanz gegenüber den Inhalten. Über Hilberts Geometrie kann man zwar sagen, dass die Grundbegriffe Punkt, Gerade und Ebene austauschbar sind, aber nicht die Beziehungen zwischen den Grundobjekten. Diese Relationen kann man nicht einfach ersetzen! Insofern gibt man der Abstraktion Raum, indem man sagt: die Grundobjekte, die mögen austauschbar sein, aber die Beziehungen zwischen den Grundobjekten sind alles andere als austauschbar! Und um deren Beziehungsgefüge geht es!

Hilbert ist in die Mathematik immer tiefer eingedrungen. Und es gibt den schönen Ausspruch von der ‚Tieferlegung der Fundamente'! Das Bild von der Tieferlegung der Fundamente konnte man wörtlich nehmen, denn er bezeichnete eine Theorie als ein Fachwerk von Begriffen. Und wenn man ein Fachwerkhaus größer und größer macht, dann muss man auch die Fundamente tiefer legen, damit das Gebäude zusammenhält.

In dem Sinne hat er sich selber um ein tiefgehendes Verständnis bestimmter Gebiete wie der Zahlentheorie, der Geometrie oder der Feldtheorie bemüht. Da ist er ganz eigene Wege gegangen, die sich als erfolgreich erwiesen und im Laufe der Zeit von immer mehr Mathematikern und Physikern übernommen wurden!

(Interview der Autorin)

Die Axiomatisierung hat großen Einfluss auf die angewandte Mathematik. In diesem Zusammenhang ist erwähnenswert, dass der Mathematiker Felix Klein mit seiner Autorität den Weg für die Akzeptanz der angewandten Mathematik geebnet hat. Fast zeitgleich mit Hilberts legendärer Festschrift gründet er im Jahr 1898 die „Vereinigung für angewandte Physik und Mathematik". Mitglieder sind neben Industriellen wie Carl Linde und dem Physiker und Chemiker Walther Nernst der Mathematiker, Statistiker und Nationalökonom Wilhelm Lexis (1837–1914), der in seinem Buch „Allgemeine Volkswirtschaftslehre" den Versuch unternimmt, ökonomische Prozesse mit mathematischen Methoden zu beschreiben.

---

[14] Ulrich Majer (*1942) editiert die nachgelassenen Schriften David Hilberts zu den Grundlagen der Mathematik und Naturwissenschaften.
(Das Interview fand 2017 in Göttingen statt.)

Zur selben Zeit lehrt Edmund Husserl, Philosoph und Mathematiker, in Göttingen. Ein Mathematiker, der den Positivismus in den Naturwissenschaften und die Unterschiede zwischen reiner und angewandter Mathematik weitsichtig reflektiert. Er trifft die Feststellung, dass die mathematische Naturwissenschaft eine wundervolle Technik sei. Aber dann stellt er die Frage, ob sie nicht einer offenbar sehr Nützliches leistenden und darin verlässlichen Maschine gleiche, die jedermann lernen könne richtig zu handhaben, ohne im mindesten die innere Möglichkeit und Notwendigkeit so gearteter Leistungen zu verstehen.

Diese Ausführungen von Edmund Husserl könnten zu Debatten zwischen reiner und angewandter Mathematik führen. Aber dazu kommt es damals nicht. Husserl wechselt 1916 an die Universität Freiburg. Nach einer Aussage von Richard Courant, Assistent von Hilbert in Göttingen, ist das Verhältnis zwischen reiner und angewandter Mathematik unproblematisch.

> ... mathematicians, abstract mathematicians and more concrete mathematicians and physicists talking to each other quite intensively and very frequently – and understanding each other [27].

Und über die damalige Situation an amerikanische Universitäten schreibt Constance Reid:

> The predominant characteristic of American mathematicians seemed to be a tendency to favor the abstract and the so-called pure areas of mathematics. Their greatest success had been in topology. Princeton, especially, and Harvard were without doubt the best places in the world to study that subject. Applied mathematics, however, was treated like a stepchild in America. There was no real contact between mathematics and physics – as far as Courant could see – and hardly any between mathematics and technology [27].

Mit Immigration und Krieg ändert sich dieses Verhältnis zwischen reiner und angewandter Mathematik an den US-amerikanischen Universitäten. Im Kampf gegen den Nationalsozialismus stellen Wissenschaftler aus Europa ihr Wissen in den Dienst des amerikanischen Militärs. Angewandte Mathematik wird kriegswichtig und nach dem Zweiten Weltkrieg bleibt das Militär der wichtigste Geldgeber für die Forschung.

Die Ökonomen Klaus Knorr (1911–1990), und Oskar Morgenstern (1902–1977), beide als Emigranten an der Princeton University, verfassen Mitte der 1960er Jahre ein Memorandum zur militärischen Forschung in den USA. Der Anlass ist die Nuklearforschung, aber in diesem Zusammenhang gehen sie auch allgemein auf den Einfluss von Emigranten in der US-amerikanischen Forschung ein.

> Yet there seems to be widespread consensus among qualified observers that a rich technological menu has been offered to the military by the scientists and engineers – although, as far as the United States is concerned, it should be duly noted that many of those scientists and engineers, and many of their ideas, have come from abroad. There is appreciably less

certainty that the military (and the civilians in the defense establishment) have, on the whole, performed the innovating function very well. [15]

Nach dem Zweiten Weltkrieg ist es nicht Not, die Wissenschaftler zur Emigration drängt. Jetzt sind es die viel besseren Bedingungen für die Forschung, die US-amerikanische Universitäten so attraktiv machen. Gérard Debreu erhält 1950 ein Angebot der University of Chicago und verfasst dort zusammen mit Kenneth Arrow den bahnbrechenden Aufsatz zur Gleichgewichtstheorie. Philip Mirowski und E. Roy Weintraub kommen zu dem Schluss, dass dieser Aufsatz die Formalisierung in den Wirtschaftswissenschaften maßgeblich beeinflusst hat. Voraussetzung dafür war die Axiomatisierung in der Mathematik, die David Hilbert mit seiner Festschrift eingeleitet hat; die Vorarbeiten von Gustav Cassel und dem Wiener Kreis um Karl Menger, John von Neumann und Abraham Wald. Schlusspunkt setzen: und Abraham Wald.

---

[15]Klaus Knorr und Oskar Morgenstern, Science and Defense Some Critical Thoughts on Military Research and Development, Center of International Studies, Policy Memorandum Nr. 32, Princeton University (1965).

Von Mathematical Economics zu Mathematical Finance

5

Die abstrakte Behandlung ökonomischer Prozesse ging zu weit, räumt Werner Hildenbrand heute ein.

WERNER HILDENBRAND: Nach wie vor bewundere ich die AGT (Allgemeine Gleichgewichtstheorie). Es ist eine wunderschöne Theorie, aber sie ist ausgereizt. Die ursprüngliche Frage ist im Walras-Arrow-Debreu-Modell gelöst, nämlich dass es möglich ist, mit einem richtig gewählten Preissystem alle individuellen Entscheidungen zu dezentralisieren, und zwar so, dass alle individuellen Entscheidungen kompatibel sind. Das ist eine enorme Aussage. Hinzu kommt, dass dieses Ergebnis pareto-effizient ist. Ein Zustand wird als paretoeffizient betrachtet, wenn bei einer Güterverteilung der eine nicht besser gestellt werden kann, ohne einen anderen dadurch schlechter zu stellen.

Das hätte man nie vermutet, als sich dieses Problem vor 150 Jahren gestellt hat. Nur wollte man jetzt mehr und stellte die Frage: ist dieses Gleichgewicht eindeutig? Ist es stabil? Diese weiterführenden Fragen waren nicht zu beantworten. Das war das große Dilemma! Aber das alles musste man erst einmal erkennen. Zweifel gab es. Aber es waren nur Zweifel. Es gelang nicht, das zu beweisen. Außer man macht ad hoc Annahmen und das wäre im Wesentlichen darauf hinaus gelaufen, dass man das annimmt, was man beweisen will!

(Interview der Autorin)

Die grundlegenden Arbeiten von Hugo Sonnenschein stellen die mikroökonomischen Grundlagen der Allgemeinen Gleichgewichtstheorie in Frage und zeigen ihre Grenzen auf. Für Werner Hildenbrand eine Zäsur.

WERNER HILDENBRAND: Es war allgemein akzeptiert, dass man abtrünnig wird, weil AGT ausgereizt war! Der SFB hat diese Entwicklung mitgemacht. Im SFB dominierte am Anfang unter den Theoretikern die AGT. Und da haben wir wichtige Beiträge geleistet, und als die Krise kam, hat sich der SFB anders orientiert, z. B. auf Financial Markets. Mit der AGT hatten wir immer das Gefühl, wir bewegen uns an der Realität vorbei, versuchen Realität zu beschreiben, schaffen es aber nicht. Mit den Finanzmärkten verhielt sich das anders. Hier sind durch Modelle neue Märkte entstanden. Märkte, um sich gegen Wechselkursrisiken, Zinsrisiken, Kreditrisiken abzusichern. Das war der Versuch, die AGT durch Anwendungen

A. Handwerk, *Von der Mathematisierung in der Ökonomie zur modernen Finanzmathematik*, https://doi.org/10.1007/978-3-662-62637-5_5

auf den Finanzmärkten fruchtbar zu machen. Das war eine völlig andere Denkweise und für mich sehr befriedigend.

(Interview der Autorin)

Zunächst ist nur klar, dass AGT, wie Werner Hildenbrand es formuliert, ausgereizt ist. Hans Föllmer wendet sich wieder der reinen Mathematik zu. Mit seinem profunden mathematischen Wissen, seinen Publikationen und guten internationalen Verbindungen hat er sich einen Namen gemacht und erhält einen Ruf an die ETH Zürich, den er zum Sommersemester 1977 annimmt[1].

HANS FÖLLMER: Damit war ich wieder zurück in der Mathematik. In der Wahrnehmung der Mathematiker macht es natürlich einen großen Unterschied, ob ich am Math Department der ETH bin oder als Statistiker bei den Ökonomen.

(Interview der Autorin)

Von Zürich ist es nicht weit zum Mathematischen Forschungszentrum Oberwolfach im Schwarzwald. Hans Föllmer organisiert in den folgenden Jahren dort eine Reihe von Tagungen.[2]. Er hat ausgezeichnete Kontakte zu führenden Mathematikern auf dem Gebiet der Wahrscheinlichkeitsrechnung und so folgen seiner Einladung im Jahr 1979 u. a. Eugene Dynkin[3] von der Cornell University, Jacques Neveu aus Paris, Paul-André Meyer von der Université de Strasbourg und Klaus Krickeberg, der nach Heidelberg und Bielefeld an der Pariser Sorbonne lehrt. Es geht um Punktprozesse und Martingale.

Um Martingale im Kontext zur Preisbestimmung von Derivaten geht es einige Wochen zuvor in einem anderen Workshop, ebenfalls in Oberwolfach, organisiert von Gérard Debreu, Werner Hildenbrand und Dieter Sondermann. Hans Föllmer ist mit dabei. Ein Höhepunkt dieser Wintertage im Schwarzwald ist der Vortrag von David Kreps über „Arbitrage und Martingales".

Given a probabilistic model of a multiperiod securities market, there are no opportunities to make pure arbitrage profits if and only if there is a measure equivalent to the original measure that makes the security price process into a martingale. One can also use such „equivalent martingale measures" to say when a contingent claim's price is determined by arbitrage.[4]

Nach dem Vortrag setzt sich Dieter Sondermann mit David Kreps zusammen. Er will seine Ausführungen nachvollziehen und macht sich auf zwei kleinen Zetteln Notizen, die er bis heute aufbewahrt. Als Mathematiker kennt sich Sondermann mit der Martingaltheorie aus, allein die Anwendung für die Preisbestimmung von Derivaten ist für ihn neu.

---

[1] Hans Föllmer lehrt an der ETH Zürich von 1977 bis 1988.
[2] Mathematische Stochastik, Workshop am Mathematischen Forschungsinstitut Oberwolfach vom 04.03.–10.03.1979.
[3] Eugene Dynkin (1924–2014) emigrierte 1975 aus der damaligen UdSSR in die USA.
[4] Mathematical Economics, 21.–27.01 1979, Workshop Mathematisches Forschungsinstitut Oberwolfach; David M. Kreps: Arbitrage and Martingales, in: Vortragsbuch 42, Img. 103.

Der Vortrag von Kreps erscheint einige Monate später im *Journal of Economic Theory* [18].

Harrison, Kreps und Pliska sind junge Ökonomen, die Anfang der 1970er Jahre an der Stanford Universität als Mathematiker promoviert wurden. Hans Föllmer kennt David Kreps[5] aus seiner Zeit am Dartmouth College und schätzt seine mathematischen Kenntnisse.

> HANS FÖLLMER: Kreps hat in Stanford auch Vorlesungen von Kai Lai Chung gehört und dessen Buch „A Course in Probability Theory" Korrektur gelesen. Er hatte eine volle wahrscheinlichkeitstheoretische Ausbildung, aber promoviert hat er am OR Department über entscheidungstheoretische Probleme und hatte dann sehr bald einen hervorragenden Ruf bei den Ökonomen. Ich hatte immer Kontakt zu ihm, wenn ich in Kalifornien war. Und als ich hörte, dass er für ein Jahr am Churchill College in Cambridge ist, das war 1978, habe ich ihn an die ETH Zürich eingeladen.
>
> (Interview der Autorin)

Mit der Arbeit von Harrison, Kreps und Pliska steht die Anwendung der Martingaltheorie zur Optionspreisbestimmung nicht mehr nur unter dem Dach von Mathematical Economics, sondern jetzt bahnt sich die Bildung eines eigenständigen Fachgebiets an, der Finanzmathematik.

> HANS FÖLLMER: Harrison, Kreps und Pliska haben einen allgemeinen begrifflichen Rahmen für die Bewertung von Optionen entwickelt und mathematisch präzisiert. Ihr Einfluss bestand darin, dass die martingaltheoretische Struktur des Problems klar wurde, weit über den Spezialfall der Black-Scholes Formel hinaus. Für Anwendungen in der Finanzindustrie hat dieser Ansatz enorme Auswirkungen gehabt, weil er eine verbindliche Sprachregelung getroffen hat, in der Famas Hypothese der Markteffizienz durch die sehr viel allgemeinere Arbitragefreiheit ersetzt wurde.
>
> (Interview der Autorin)

Der Aufsatz von Harrison und Kreps erscheint erstmals in einer Fachzeitschrift für Ökonomen. An dem Mathematiker Freddy Delbaen geht diese Veröffentlichung vorbei. Zum ersten Mal hört er von der Anwendung der Martingaltheorie zur Optionspreisbestimmung in einem Vortrag am CORE, an der Université catholique Louvain.

> FREDDY DELBAEN: Auf einer Tagung 1983 habe ich einen Vortrag von Phelim Boyle gehört. Er zitierte aus dem Paper von Harrison und Kreps. Daraufhin habe ich mir das Paper sofort in der Bibliothek besorgt. Und was habe ich darin gelesen? Wahrscheinlichkeitsrechnung und mathematische Ökonomie! Das war eine Sprache, die ich kannte. Und den ökonomischen Kontext kannte ich auch. Das habe ich sofort verstanden und seitdem habe ich in dieser Richtung weitergearbeitet.
>
> (Interview der Autorin)

---

[5]David M. Kreps (*1950), Promotion 1975 bei Evan Lyle Porteus an der Stanford University mit der Arbeit: Markov decision problems with expected utility criteria.

Im Sommer 1989 findet an der Cornell University ein denkwürdiger Workshop statt mit dem Titel „Mathematical Theory of Modern Financial Markets". In der Einladung heißt es:

> Approximately fifteen years ago, financial markets began trading derivative securities (calls and puts, for example) whose returns were related to the returns to other securities. At about the same time, F. Black and M. Scholes developed a theory in which the values of these newly traded securities were determined by the prices of the underlying securities and the stochastic movement of these prices. Several years later, Harrison together with Kreps and with Pliska, showed the fundamental connection between this theory and the extensive existing mathematical theory of martingales and stochastic integration.[6]

Robert Jarrow, einer der Organisatoren, kann für den Workshop einen Teilnehmer mit einschlägigen Erfahrungen aus der Finanzwirtschaft gewinnen: Fischer Black, promoviert in angewandter Mathematik in Harvard, seit 1986 Partner von Goldman Sachs an der Wall Street in New York und Direktor der „Quantitative Strategies Group". In ihrem Antrag für den Workshop schreiben die Organisatoren (Abb. 5.1, 5.2, 5.3, 5.4 und 5.5):

> As yet no real forum exists for these mathematicians and finance theorists to communicate with one another. The workshop we propose represents, we believe, the first formal opportunity for this interaction.

Freddy Delbaen und Hans Föllmer, die sich von dem Workshop über Mathematical Economics in Berkeley 1974 kennen, treffen sich in Cornell wieder. Sie gehören zu einem kleinen Kreis von Mathematikern aus Europa, die eingeladen sind.

> FREDDY DELBAEN: Das Paper von Black and Scholes ist das wichtigste Paper der 1970er Jahre. Damals haben Leute schon von Mathematical Finance gesprochen. „Mathematical Finance" wurde dann 1989 gegründet. Die Idee kam von Stan Pliska. Auf der Tagung, wir saßen in einem großen Raum zusammen, hat er gesagt: Wir brauchen eine eigene Zeitschrift! Denn viele Papers sind in der Pipeline und werden nicht veröffentlicht.
>
> (Interview der Autorin)

Die Zeit sei reif und man müsse die Initiative ergreifen, so erinnert sich auch Stanley Pliska an die Gründung von *Mathematical Finance*[7]:

> Briefly, I did some early work in the area of math finance and thought, along with Robert Jarrow and David Heath, that the subject area was ready to „take off". This was in spite of the fact that in a 12 month period at the time the total number of suitable publications in all the world's journals was less than about 20, barely enough to comprise the contemplated journal. So before the conference I contacted a variety of publishers, several of which came to the conference. I organized the editorial board at the conference, ultimately selected Blackwell as the publisher, and we were off and running.

---

[6]Workshop an der Cornell University „Mathematical Theory of Modern Financial Markets", 19.07.– 22.07. 1989, Dokument aus dem Privatarchiv von Robert Jarrow.
[7]E-Mail von Stanley Pliska vom 13.09. 2017 an die Autorin.

Mathematical Theory of Modern Financial Markets
Tentative Program
(May 29, 1989)

Sponsored by:

The Mathematical Sciences Institute
(funded by U.S. Army Research Office)
The Johnson Graduate School of Management
The School of Operations Research and Industrial Engineering
The Center for Analytical Economics

General Information

Attendance at the workshop is open to all, but please let us know if you plan to attend so we can be sure to have a large enough room.

There may be an informal opportunity to show and see software on Saturday afternoon. There will probably be a couple of IBM PCs (maybe of the AT class) available to share, but if you need special equipment, or systems software, or if you just don't like to share, you can bring your own.

Registration

8:30 - 11:30   Wednesday July 19, Room 405 Malott Hall

Wednesday July 19

9:00 - 9:15   Welcome
9:15 -10:00   J. Lehoczky: Dynamic equilibrium in a multi-agent
               economy: construction and uniqueness.
10:30 -11:15   C.F. Huang: On intertemporal preferences with
               continuous time dimension II: the case of
               uncertainty.

                  L U N C H

1:15 - 2:00   P. Artzner: Mathematical treatment of interest rate
               swaps.
2:00 - 2:45   W. Willinger: Towards an approximation theory for
               continuous stochastic securities market models.

3:15 - 4:00   T. Cover: Performance weighted portfolios.

Abb. 5.1 Programm für Workshop für Mathematical Finance im Juli 1989 an der amerikanischen Cornell University

Aus dem Arbeitstitel „International Journal Emphasizing Applications of Mathematics and Statistics to Financial Theory" wird *Mathematical Finance, an International Journal of Mathematics, Statistics and Financial Theory*. Der Begriff „Financial Theory" wird später ersetzt durch „Financial Economics". Stanley Pliska wird Herausgeber. Mark H. A. Davis vom Imperial College London und Robert Jarrow von der Cornell University fungieren als Co-Herausgeber.

JOHNSON GRADUATE SCHOOL OF MANAGEMENT
Cornell University

MEMORANDUM

TO: Tom Dyckman

FROM: Robert Jarrow

DATE: August 12, 1988

RE: Funding for a conference on the "Mathematical Theory of
          Modern Financial Markets"

The purpose of this conference is to bring together economists,
finance theorists, and mathematicians to discuss research in the area of
security evaluation.

I request that the JGSM contribute $7,500.00 to this conference.
This is 1/2 the contribution of MSI. This amount is needed to produce a
first quality conference.

The benefits to this School include:

   · An interactive conference among the Economics Department,
      Operations Research and Industrial Engineering School, and the
      Johnson Graduate School of Management. (Consistent with the
      capital campaign.)

   · World class scholars will be participating, hence, good
      exposure for the JGSM.

   · This is a pathbreaking and exciting area of research in
      mathematics/finance. This is the first conference in this
      field. It is advantageous and appropriate to have JGSM
      jointly sponsor this line of research.

Abb. 5.2 Antrag für Workshop für Mathematical Finance im Juli 1989 an der amerikanischen Cornell University

Prominent besetzt ist der Beirat mit Fischer Black und mit Stephen Ross und Alain Bensoussan, Tyrrell Rockafellar, S. R. Srinivasa Varadhan, die der reinen Mathematik zuzuordnen sind. Die Riege der Mitherausgeber ist international besetzt. Außer Amerikanern wie Darrell Duffie, David Heath, Ioannis Karatzas sind dabei Freddy Delbaen und Hans Föllmer.

Die Zeitschrift ist in den folgenden Jahren ein wichtiges Forum für die Theoriebildung in der Finanzmathematik. Viele der Aufsätze, die sich mit Anwendungen der Martingaltheorie und deren mathematischer Fundierung befassen, beziehen sich auf die Arbeiten von Harrison, Kreps und Pliska.

Title: Mathematical Theory of Modern Financial Markets

Wednesday, July 19, 1989 - Saturday, July 22, 1989

Scope: Approximately fifteen years ago, financial markets began trading
derivative securities (calls and puts, for example) whose returns were
related to the returns of other securities. At about the same time,
F. Black and M. Scholes developed a theory in which the values of these
newly traded securities were determined by the prices of the underlying
securities and the stochastic movement of these prices. Several years
later, Harrison, together with Kreps and with Pliska, showed the
fundamental connection between this theory and the extensive existing
mathematical theory of martingales and stochastic integration.

This activity has continued and flourished; both in the U.S. and
abroad many new derived securities (options on foreign currency, bonds,
futures, stock indexes) are traded and these markets are now linked.
These new securities offer the potential for organizations to manage and
reduce risks associated with unpredictable changes in interest rates,
foreign exchange, and other economic conditions, but the proper use of
these instruments requires a thorough understanding of their properties
and relationships. In response to this need, new theory is being
developed to understand these new securities and their uses.

The application of martingale theory to finance initiated by
Harrison et al. has been extensively developed; moreover the
mathematical treatment of questions arising from finance has developed
its own momentum, and has attracted the attention and interest of many
probabilists.

As yet no real forum exists for these mathematicians and finance
theorists to communicate with one another. The workshop we propose
represents, we believe, the first formal opportunity for this
interaction. As indicated by the list of possible speakers (below), the
invited participants will consist of mathematicians and finance
theorists, probably in an approximately 9 to 8 mix.

Organizers: The organizing committee consists of: P. Artzner
(Strasbourg), D. Heath (Cornell chairman, R. Jarrow (Cornell), and
K. Shell (Cornell).

Proposed Speakers: Potential speakers include: P. Artzner
(Strasbourg), J. Ingersoll (Yale), F. Delbaen (Brussels), D. Duffie
(Stanford), P. Dybvig (Yale), H. Follmer (ETH Zurich), D. Heath
(Cornell), T. Ho (NYU), C. Huang (MIT), R. Jarrow (Cornell), I. Karatzas
(Columbia), J. Lehoczky (Carnegie-Mellon), A. Morton (Illinois at
Chicago), S. Pliska (Illinois at Chicago), P. Protter (Purdue),
S. Richard (Carnegie-Mellon), S. Shreve (Carnegie-Mellon), S. Stricker
(Besancon,), M. Taqqu (Boston), W. Willinger (Bell).

Current Funding: The Mathematical Sciences Institute contributed
$15,000.   The Center for Analytic Economics contributed $1,000.

Requested Funding: School of Operations Research and Industrial
Engineering, Johnson Graduate School of Management.

Abb. 5.3 Antrag für Workshop für Mathematical Finance im Juli 1989 an der amerikanischen
Cornell University

Robert A. Jarrow
Ronald P. and Susan E. Lynch
Professor of Investment Management
Malott Hall   Ithaca NY 14853-4201   (607) 255-4729

April 19, 1989

Dr. Fischer Black
Goldman, Sachs & Co.
85 Broad Street
New York, NY 10004

Dear Fischer:

    We would be pleased to have you present your paper "Equilibrium
Exchange Rate Hedging" at the conference. Can we count on your
participation?

                    Sincerely,

                    Robert A. Jarrow

RJ/mf

yes.

Fischer

LEADERSHIP FOR THE TWENTY-FIRST CENTURY

Abb. 5.4 Brief an Fischer Black für Workshop für Mathematical Finance im Juli 1989 an der amerikanischen Cornell University

An International Journal Emphasizing Applications of
Mathematics and Statistics to Financial Theory

Editor: Stanley R. Pliska
               Department of Finance
               University of Illinois at Chicago
               P. O. Box 202451
               Chicago, IL 60680-2451

               Phone: (312) 996-2980
               BITNET: u08254 @ uicvm
               FAX: (312) 413-0385

Co-Editors: Mark H. A. Davis, Imperial College, UK

               Robert Jarrow, Cornell University, USA

Advisory Board: Fischer Black, Goldman, Sachs & Co., USA
                   Alain Bensoussan, INRIA, France
                   Robert Merton, Harvard University, USA
                   R. T. Rockafellar, University of Washington, USA
                   Stephen Ross, Yale University, USA
                   S. R. S. Varadhan, New York University, USA

Associate Editors: Kerry Back, Washington University, USA
                      G. Constantinides, Univ. of Chicago, USA
                      Freddy Delbaen, VRYE University, Belgium
                      Darrell Duffie, Stanford University, USA
                      Robert Elliott, University of Alberta, Canada
                      Hans Follmer, University of Bonn, FDR
                      David Heath, Cornell University, USA
                      Stuart Hodges, University of Warwick, UK
                      Chi-Fu Huang, Mass. Inst. Tech., USA
                      Ioannis Karatzas, Columbia University, USA
                      Andrew Lo, Mass. Inst. Tech., USA
                      Frank Milne, Australian National University
                      David Nachman, Georgia Inst. Tech., USA
                      Jorgen Nielzen, Aarhus University, Denmark
                      Michael Selby, London School of Economics, UK
                      Stuart Turnbull, Australian Univ. of N.S.W.

Publication Schedule: Quarterly, starting in January, 1991.

Call for Papers: Papers can be submitted to the editor starting
                    in December, 1989.

Abb. 5.5 Entwurf für das Journal of Mathematical Finance

In der Einleitung seines Aufsatzes über die Anwendung der Martingaltheorie schreibt Freddy Delbaen:

> In their fundamental paper, Harrison and Kreps (1979) introduced the concept of equivalent martingale measures. Absence of arbitrage alone was not sufficient to obtain an equivalent martingale measure for the stochastic processes describing asset prices. It turned out that a topological condition was needed.[8]

Der Aufsatz ist eine Vorarbeit zu seinem späteren, zusammen mit Walter Schachermayer verfassten Werk „The Mathematics of Arbitrage" [10].

In den 1990er Jahren wird *Mathematical Finance* zu einem wichtigen Forum für die Theorieentwicklung in der Finanzmathematik. Mit der Zeitschrift intensiviert sich vor allem der internationale Austausch.

5.1   Theoriebildung

Für Freddy Delbaen gibt die Martingaltheorie den Anstoß für ein umfassendes Theorieprojekt. Nicht nur die Arbeit von Harrison und Kreps ist dafür ausschlaggebend. Freddy Delbaen bezieht sich auch auf Arbeiten von Christophe Stricker[9] und Jia-an Yan (beide Schüler von Paul-André Meyer an der Université de Strasbourg) und sieht weitere Entwicklungsmöglichkeiten.

> FREDDY DELBAEN: Ich habe sofort gesehen: Da kann ich etwas machen! Ziemlich schnell konnte ich Beiträge für Anwendungen liefern, weil ich das Wissen dafür hatte, auch über die ökonomischen Zusammenhänge. Meine Ausbildung in mathematischer Ökonomie hat mir geholfen. Wahrscheinlichkeitsrechnung – das war klar. Funktionalanalysis war eine Technik, die man anwenden konnte.

> (Interview der Autorin)

Delbaen kann seine Ergebnisse 1992 in *Mathematical Finance* veröffentlichen. Daraufhin erhält er einen Anruf von Walter Schachermayer[10].

> FREDDY DELBAEN: Walter Schachermeyer kannte ich, weil er Funktionalanalysis gemacht hatte. Er sagte, wir müssen uns zusammensetzen, weil es eine Menge Probleme gibt, und wir sollten unsere Techniken kombinieren. Wir haben uns dann einige Wochen später in Paris getroffen in einem Café in der Nähe des Pantheon. Dort haben wir, so wie Mathematiker das oft machen, auf einem Stück Papier ein paar Dinge aufgeschrieben und gesagt: Das und das

---

[8] Freddy Delbaen, Representing martingale measures when asset prices are continuous and bounded; *Mathematical Finance,* Jg. 2, Nr. 2, S. 107–130 (1992).

[9] Freddy Delbaen präzisiert in einer E-Mail an die Autorin seinen Bezug auf Arbeiten von Christophe Stricker: Stricker presented an improvement for the use of martingales in arbitrage theory. He used a result proved by Yan (and independently also by Kreps). I saw that a further improvement – using more functional analysis – could be made. These results were published in Mathematical Finance.

[10] Walter Schachermayer (*1950), österreichischer Mathematiker. Professor emer. für Finanzmathematik an der Universität Wien.

sollten wir zusammen machen und sehen, was möglich ist. Und so haben wir zusammen ein Paper geschrieben.

Am Anfang war es noch ziemlich einfach. Nur die technischen Probleme waren schwieriger als erwartet. Zuerst sollte das Paper zehn bis fünfzehn Seiten haben, aber daraus wurden funfundfünfzig Seiten! Und da hatten wir erst die Hälfte gelöst! Es lag immer noch viel Arbeit vor uns. Die Zusammenarbeit mit Walter war sehr gut. Er hatte inzwischen andere Techniken entwickelt und ich auch. Wir mussten sehr fundamentale Probleme lösen! In der Finanzmathematik heißt es, man kann kein Geld verdienen aus dem Nichts. Free lunch gibt es nicht. Das Prinzip der Arbitrage existiert in einer Welt, in der die Gleichgewichtstheorie gilt.

Ich sehe nach wie vor unbegrenzte Arbitragemöglichkeiten. Es gab immer Risiken, die man nicht gesehen hat. Das Prinzip ist gesund, nur gibt es Probleme mit risikoneutralen Erwartungswerten. Ob sie existieren oder nicht, war nicht klar. Walter und ich haben diese Frage gelöst. Da bleibt nichts mehr. Es ist das so genannte äquivalente Martingalmaß. In der Literatur kennt man das als Fundamentalsatz der Arbitragepreistheorie. [9]

(Interview der Autorin)

Für Freddy Delbaen erschließen sich neue Aspekte der Gleichgewichtstheorie, mit der er sich in den Jahren zuvor am CORE bereits intensiv befasst hatte.

FREDDY DELBAEN: Die Gleichgewichtstheorie hat sich weiterentwickelt. Anfang der 1970er Jahre hat man dafür die Differentialtopologie angewendet. Nachdem Fischer Black und Myron Scholes und Merton die dynamischen Aspekte eingeführt haben, hat sie ein eigenes Leben bekommen.

Kreps, der Gleichgewichtstheorie gemacht hat, hat gesehen, dass es eine Verknüpfung gab, die viel tiefer war. Das war dann die Martingaltheorie. Und dann kamen die Mathematiker, die alle Teile des „Séminaire de probabilités"[11] kannten, und die wollten das dann auch anwenden!

Viele haben das als eine separate Entwicklung angesehen, aber es war doch noch immer Teil der axiomatischen Ökonomie! Und dass man die Gleichgewichtstheorie kennt und weiß, wie sie funktioniert und wie man sie aufbaut, das hilft sicher, wenn man Finanzmathematik macht. Ich denke, man kann keine Finanzmathematik machen, ohne die Gleichgewichtstheorie zu kennen. Die Gleichgewichtstheorie ist die mathematische Beschreibung der Ökonomie und die Finanzmathematik ist ein Teil davon.

(Interview der Autorin)

Die Gleichgewichtstheorie wird als Axiom in der Finanzmathematik behandelt. Seine Herkunft und die damit verbundene ökonomische Theorie werden nicht mehr hinterfragt.

FREDDY DELBAEN: Wir gehen davon aus, dass ein Gleichgewicht existiert und die Finanzmärkte reibungslos funktionieren. Der Markt sollte effizient funktionieren. Woher das Gleichgewicht kommt, ist in Mathematical Finance in dieser No-Arbitrage Theorie am Anfang nicht so wichtig. Voraussetzung für No-Arbitrage ist ein Gleichgewicht. Man kann sagen, Mathematical Finance ist Teil von Mathematical Economics.

(Interview der Autorin)

---

[11]Paul-André Meyer, Séminaire de probabilités de Strasbourg, Intégrales stochastiques I-IV, 1967.

Als der Amerikaner Stephen A. Ross den „Deutsche Bank Prize 2015" erhält für seine fundamentalen Arbeiten zu Asset Pricing, stellt sich die Frage, warum Freddy Delbaen und Walter Schachermayer nicht gewürdigt wurden. Freddy Delbaen nimmt dazu wie folgt Stellung:

> The basic paper of Harrison-Kreps is based on ideas in the work of Kreps (PhD). Then came Harrison-Pliska. In the finite-time case there was the paper by Dalang-Morton-Willinger (DMW). I found my own proof and some of the ideas were taken by DMW in their final version (with reference). Of course I used the outcome of the DMW paper and then saw it could be done otherwise. Then came a paper by Stricker based on a technical lemma proved by Yan for other purposes (there is also a paper by Yan on the fundamental theorem of asset pricing).
>
> Kreps independently proved the same technical lemma around the same time. There were certainly more papers (so don't refer to this mail). I used an easy version in lectures, already in 1991. Then came two papers: one of myself in 1990 (Math Finance) and one by Schachermayer in Insurance: Math and Econ. We decided to combine the different techniques/approaches and wrote our paper in 1992/1993 (published in 1994). The most general version was published later. Our paper improves and generalises all known issues at that time. We also introduced related concepts that turned out to be important and fundamental, the consequences were published in around fourteen papers later on.[12]

Das Asset Pricing Theorem ist nach der Black-Scholes-Formel ein weiteres Beispiel dafür, dass in den USA entscheidende, praxisorientierte Innovationen nicht an den Math Departments entstehen, sondern an den Business Schools renommierter Universitäten. Von Stephen Ross (1944–2017), der in Harvard promoviert hat und danach am Department of Economics and Finance an der University of Pennsylvania und der Wharton School in Philadelphia arbeitet, erscheint im *Journal of Economic Theory* 1976 ein Aufsatz über Arbitrage und Asset Pricing. Wie sich dessen theoretische Überlegungen von den von Delbaen und Schachermayer formulierten unterscheiden, erklärt Hans Föllmer.

> Erst später haben sich dann auch die Mathematiker damit beschäftigt und denselben Zusammenhang in immer grösserer mathematischer Allgemeinheit (insbesondere in stetiger statt in diskreter Zeit) untersucht. Das wird technisch sehr aufwendig (und interessiert die eigentlichen Finanzwissenschaftler eher weniger), und Delbaen und Schachermayer haben dann eine Version bewiesen, die diese Entwicklung aus mathematischer Sicht im Wesentlichen abschloss.[13]

Hans Föllmers Forschungsschwerpunkt werden stochastische Prozesse und deren Anwendung an den Finanzmärkten. Er hat in Oberwolfach 1979 den Vortrag von David Kreps gehört, aber er befasst sich damit erst intensiver, als Dieter Sondermann für ein paar Monate nach Zürich kommt, und zwar als Berater einer Schweizer Großbank.

> HANS FÖLLMER: Im Hotel Baur au Lac haben wir im Park gesessen und diskutiert und neue Fragen aufgestellt. Das normale Argument bei Black-Scholes funktioniert bei vollständigem

---

[12]Freddy Delbaen in einer E-Mail vom 02.09. 2015 an die Autorin.
[13]Hans Föllmer in einer E-Mail vom 04.09. 2015 an die Autorin.

Finanzmarktmodell. Vollständigkeit hat eine technische Bedeutung. Erstmal sollte es arbitragefrei sein, d. h. es gibt ein äquivalentes Martingalmaß. Vollständigkeit läuft darauf hinaus, dass das äquivalente Martingalmaß eindeutig bestimmt ist, und dann ergibt sich der Rest in kanonischer Weise. Mit dieser Vollständigkeit kommt man sehr schnell zu einem Ergebnis. Das ist ein idealer Fall, aber in der Realität ist man weit weg von der Vollständigkeit. Daraus ist eine gemeinsame Arbeit entstanden.

(Interview der Autorin)

Die Arbeit mit dem Titel „Hedging of Non-Redundant Contingent Claims" erscheint im Mai 1985 in der Schriftenreihe des Sonderforschungsbereichs 303 der DFG. Föllmer und Sondermann beziehen sich auf die ersten Aufsätze zur Optionspreisbestimmung von Harrison und Kreps. [18]

DIETER SONDERMANN: Von Kreps habe ich in Oberwolfach einen sehr wichtigen Vortrag gehört. Zuvor hatte ich mich bereits mit Wechselkursrisiken beschäftigt und wie man sie absichern kann und habe dann auf einmal die Anwendungen gesehen, und dadurch bin ich hier in Bonn auf dieses Gebiet Financial Economics gestoßen. Wir mussten uns erst einmal die Mathematik dazu erarbeiten! Die kannten wir ja noch gar nicht! Obwohl ich in Erlangen in einem Zentrum der Wahrscheinlichkeitsrechnung war. Bei Heinz Bauer und Konrad Jacobs war von Stochastischem Calculus keine Rede. Die kannten den noch gar nicht. Die Entwicklung hat in Straßburg eingesetzt und dann haben wir uns in Bonn das „Séminaire de Probabilités" vorgenommen, einen Arbeitskreis gebildet und uns mühsam die Mathematik angeeignet. Auf diese Weise sind eigene Beiträge entstanden und Financial Economics wurde als Wahlfach eingeführt. Bei der Allgemeinen Gleichgewichtstheorie hatten wir immer das Gefühl, wir bewegen uns an der Realität vorbei, versuchen Realität zu beschreiben und schaffen es nicht. Mit Financial Economics haben wir sogar Realität geschaffen, weil durch die Modelle neue Märkte entstanden sind. Märkte, um sich gegen Wechselkursrisiken, Zinsrisiken, Kreditrisiken abzusichern. Das war eine völlig andere Denkweise und für mich sehr befriedigend. Man konnte etwas bewegen auf den Märkten.

(Interview der Autorin)

Dieter Sondermann und Hans Föllmer bezeichnen ihr neues Forschungsgebiet mit dem Begriff „Financial Economics". Erst in nachfolgenden Arbeiten wird daraus „Mathematical Finance" (Finanzmathematik). Dieter Sondermann wird die Entwicklung von „Mathematical Economics" zu „Mathematical Finance" viele Jahre später, anlässlich der Emeritierung von Hans Föllmer, anschaulich in Grafiken darstellen (Abb. 5.7).

Financial Economics has undoubtedly achieved some of its most striking results in the theory of option pricing, starting with the publication of two seminal papers by Black-Scholes and Merton in 1973. The 1976 survey by Cox and Ross already gives an impressive list of results. A further important development is due to Harrison and Kreps: They analyzed the valuation of contingent claims in terms of martingale theory and thus clarified the mathematical structure of the problem.[14]

---

[14]Hans Föllmer und Dieter Sondermann: Hedging of Non-Redundant Contingent Claims, Schriftenreihe des Sonderforschungsbereich 303, Universität Bonn (1985).

Und dann gehen Föllmer und Sondermann in ihrem Paper auf ihre eigene Arbeit ein:

> In this paper, our purpose is to extend the martingale approach of Harrison and Kreps (1979) to contingent claims which are non-redundant. We are less concerned here with valuation formulas than with how to use the existing assets for an optimal hedge against the claim. To this end we introduce a class of admissible portfolio strategies which generate a given contingent claim at some terminal time „T". Due to the underlying martingale assumptions, the expected terminal cost does not depend on the specific choice of the strategy. It is therefore natural to look for admissible strategies which minimize risk in a sequential sense. We show that this problem has a unique solution where the risk is reduced to what we call the intrinsic risk of the claim. This risk-minimizing strategy is mean-self-financing, i. e., the corresponding cost process is a martingale. A claim is attainable if and only if its intrinsic risk is zero. In that particular case, the risk-minimizing strategy becomes self-financing, i. e., the cost process is constant, and we obtain the usual arbitrage value of the claim. We then study the dependence on the hedger's subjective beliefs: It is shown how the strategy changes under an absolutely continuous change of the underlying martingale measure.

Hans Föllmer geht von Zürich zurück an die Universität Bonn und lehrt dort von 1988 bis 1994. Seine ersten Arbeiten zur Finanzmathematik publiziert er im Rahmen des SFB 21, d. h. auf dem Gebiet der Wirtschaftswissenschaften. Auch seine Zusammenarbeit mit Werner Hildenbrand setzt er fort und nimmt an dem „Bonner Workshop in Economics" (BoWo) teil, einem Arbeitstreffen, zu dem international führende Ökonomen nach Bonn kommen[15]. Auf dem BoWo 1989 wird die Theorie der Finanzmärkte zum Schwerpunkt erklärt. In einer Presseerklärung der Bonner Universität heißt es:

> In der ganzen Welt gewinnen Finanzmärkte (Aktien -, Wertpapier -, Devisen -, Options – und Versicherungsmärkte) zunehmend an Bedeutung: Immer neue Formen von finanziellen nationalen und internationalen Transaktionen werden ermöglicht und immer stärker werden Finanzmärkte international koordiniert. Von wachsendem Interesse ist deshalb zu verstehen, wie Finanzmärkte funktionieren und welche Wechselwirkungen zwischen ihnen und den realen Märkten (Güter- und Arbeitsmärkte) bestehen. Die Theorie der Finanzmärkte bedient sich zur Analyse dieser komplexen Fragen stochastischer mathematischer Modelle, denn diese ermöglichen es, im Gegensatz zu einer rein verbalen Analyse, das interdependente System von nationalen und internationalen Märkten in seiner Gesamtheit zu analysieren.[16]

Aber dann trennen sich die Wege von Hans Föllmer und Werner Hildenbrand. Die Finanzmathematik hat sich zwar aus den Wirtschaftswissenschaften entwickelt, aber diese Herkunft ist nur noch in Annahmen erkennbar, wie z. B. der Gleichgewichtstheorie. In seinem Vorwort zu „Aspects of Mathematical Finance" schreibt der französische Mathematiker Marc Yor:

---

[15]Werner Hildenbrand erhält 1987 den Leibniz-Preis der DFG. Damit finanziert er von 1988 bis 1991 vierwöchige Workshops zu Mathematical Economics. Im wissenschaftlichen Beirat sind 1989 Gérard Debreu, University of California, Berkeley; Andreu Mas-Colell, Harvard University; Hugo F. Sonnenschein, University of Pennsylvania in Philadelphia; den Vorsitz hat Werner Hildenbrand von der Universität Bonn.

[16]Presseinformation der Rheinischen Friedrich-Wilhelms-Universität Bonn (1989).

All this technology, which now forms an important part of financial engineering, exists only because some mathematical concepts both simple and universal allow building a „theory of the laws of markets", based on principles such as the prices across time of an uncertain asset having the probabilistic structure of a fair game, that is to say a martingale. From this concept little by little was built the entire theory of stochastic processes. [31]

In dem Aufsatz über „Stock price fluctuation as a diffusion in a random environement", der 1993 in der Schriftenreihe des Sonderforschungsbereiches erscheint, reagiert Hans Föllmer auf den Börsencrash vom 19. Oktober 1987. In seiner Einführung erklärt er, dass es zu kurz greife, Preisfluktuation von risikoreichen Vermögenswerten allein als einen isolierten stochastischen Prozess zu beschreiben, und stellt dann seine mathematischen Überlegungen dar.

In this paper we insist on a probabilistic interpretation... The probabilistic approach was initiated by Bachelier (1900) who introduced Brownian motion as a model for price fluctuation on the Paris stock market.

Und dann geht Hans Föllmer differenziert auf die zu Grunde liegenden Annahmen ein.

It is implicitly assumed that the strategy induces at most an absolutely continous change of measure so that there is no change in the volatility structure of the asset. But if hedging occurs on a large scale then one may start to doubt this assumption. A mathematical analysis of this question calls for a closer look at the microeconomic picture behind a diffusion model such as Black and Scholes. Kreps (1982) showed that geometric Brownian motion can be justified as a rational expectations equilibrium in a market with highly rational agents who all believe in this model... Here we have much less rational agents in mind, and in particular various forms of noise trading and of technical trading. This suggests a distinction between different types of agents.[17]

1994 wird Hans Föllmer auf den Lehrstuhl für Mathematik, Fachgebiet Stochastik und Stochastik der Finanzmärkte, an die Humboldt-Universität Berlin berufen und initiiert dort einen Forschungsschwerpunkt zur stochastischen Finanzmathematik.

5.1.1 Von der reinen zur angewandten Mathematik

Die Mathematiker Hans Föllmer und Freddy Delbaen kommen von der reinen Mathematik. Sie interessieren sich für die Mathematisierung in der Ökonomie und betei-

---

[17]Hans Föllmer: Stock price fluctuation as a diffusion in a random environment, SFB 303 (1993). Der Aufsatz erschien auch in „Philosophical Transactions of the Royal Society, series A" (1994). Abstract: The fluctuation of stock prices is modelled as a sequence of temporary equilibria on a financial market with different types of agents. I summarize joint work with M. Schweizer on the class of Ornstein-Uhlenbeck processes in a random environment which appears in the diffusion limit. Moreover, it is shown how the random environment may be generated by the interaction of a large set of agents modelled by Markov chains as they appear in the theory of probabilistic cellular automata.

Abb. 5.6 Hans Föllmer (l) und Ernst Eberlein (r) 1976 am Mathematischen Forschungsinstitut Oberwolfach. Die Tagung mit dem Thema „Interaktionsprozesse" hat Hans Föllmer zusammen mit Frank Spitzer von der Cornell University organisiert. Autor: Konrad Jacobs. (Quelle: Bildarchiv des Mathematischen Forschungsinstituts Oberwolfach)

ligen sich bereits zu einem frühen Zeitpunkt an der Theoriebildung in der Finanzmathematik und damit an der Entwicklung zu einem eigenständigen Fachgebiet. Entscheidend dafür ist die Interpretation der Martingaltheorie von Harrison, Kreps und Pliska. Sie verbreitet sich in den 1980er Jahren und motiviert Mathematiker, die sich bislang für ökonomische Fragen nicht interessiert haben, sich an der weiteren Theoriebildung mit eigenen Arbeiten zu beteiligen.

Ernst Eberlein[18] nimmt – wie Hans Föllmer und Freddy Delbaen – 1989 an der Konferenz zu „Mathematical Finance" an der Cornell University teil, auf der die Zeitschrift *Mathematical Finance* gegründet wird. Für ihn eröffnet sich mit der Finanzmathematik ein neues Forschungsfeld. In den 1970er Jahren war Ernst Eberlein Assistent von Hans Föllmer in Bonn und danach an der ETH Zürich. Er nahm an Workshops zur Wahrscheinlichkeitstheorie am Mathematischen Institut in Oberwolfach teil (Abb. 5.6). Anwendungen der Mathematik in der Ökonomie standen damals nicht im Zentrum seines Interesses.

---

[18]Ernst Eberlein (*1946), Professor für Wahrscheinlichkeitstheorie emer. an der Albert-Ludwigs-Universität Freiburg.
(Das Interview fand 2018 in Freiburg i. B. statt.)

ERNST EBERLEIN: Ich war von der Mathematik, speziell der Gleichgewichtstheorie, nicht so beeindruckt, dass ich in diese Richtung hätte gehen wollen. In der Hildenbrand-Gruppe ging es um Analysis und lineare Algebra und das hat mich nicht interessiert.

(Interview der Autorin)

Erst Anwendungen der Martingaltheorie und Stochastik auf dem Gebiet von Finance wecken das Interesse von Ernst Eberlein.

ERNST EBERLEIN: Die wirkliche Änderung von meinem Forschungsgebiet, das war 1987. Während eines Forschungssemesters in den USA habe ich in Stanford Michael Harrison getroffen, der mit Stan Pliska zwei fundamentale Arbeiten geschrieben hatte, in denen sie die Optionspreistheorie von Black und Scholes in die Theorie der Stochastik übersetzt haben. Harrison hat mir seine Arbeiten gegeben, und ich habe angefangen mich damit zu befassen. Da musste ich schon viel Zeit investieren, bis ich mich neben der alltäglichen Arbeit an der Hochschule in das neue Gebiet eingearbeitet hatte.

(Interview der Autorin)

Zusammen mit Darrell Duffie und Stanley Pliska, beide von der Stanford University, organisiert Ernst Eberlein 1992 die erste Tagung zu „Mathematical Finance" am Mathematischen Forschungsinstitut in Oberwolfach.

Das Interesse unter den Stochastikern an dieser neuen Forschungsrichtung war seit Ende der 80er Jahre bereits so groß (insbesondere in Frankreich), dass es an der Zeit war, sie auch ins Tagungsprogramm von Oberwolfach aufzunehmen.[19]

Vor dem Workshop in Oberwolfach gibt Darrell Duffie auf dem First European Congress of Mathematics im Juli 1992 in Paris eine Einführung in das neue Fachgebiet, die Finanzmathematik.

This is a brief and informal presentation, for mathematicians not familiar with the topic, of the connections in finance theory between the notions of arbitrage and martingales, with applications to the pricing of securities and to portfolio choice.[20]

Auf dem Oberwolfach Workshop über „Mathematical Finance" kommen Mathematiker aus den USA und Europa zusammen.[21]

---

[19]Hans Föllmer in einer E-Mail auf Nachfrage der Autorin. Der Workshop in Oberwolfach fand nach dem 1st European Congress of Mathematics 1992 in Paris statt. Hans Föllmer war Vorsitzender des wissenschaftlichen Ausschusses des ECM.

[20]Darrell Duffie: Martingales, arbitrage, and portfolio choice; Vortrag auf dem 1. ECM in Paris 1992.

[21]Teilnehmer des ersten Workshops zu Mathematical Finance in Oberwolfach im August 1992 sind u. a: Freddy Delbaen, J. Darrell Duffie, Ernst Eberlein, Hans Föllmer, David C. Heath, Jean Jacod, Jørgen Aase Nielsen, Stanley R. Pliska; Philip Protter; Wolfgang J. Runggaldier; Klaus Sandmann, Walter Schachermayer, Rainer Schöbel, Martin Schweizer, Costis Skiadas, Dieter Sondermann, Christophe Stricker, Ravi Viswanathan, Walter Willinger, Marc Yor, Thaleia Zariphopoulou.

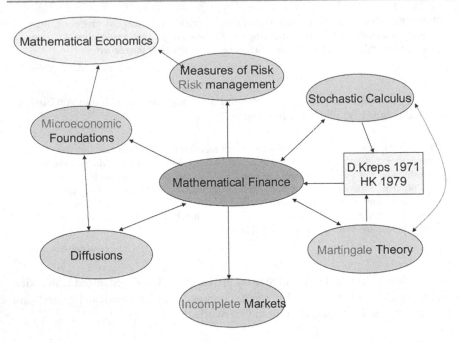

Abb. 5.7 Dieter Sondermann, aus: Festvortrag anlässlich der Emeritierung von Hans Föllmer an der Humboldt-Universität zu Berlin. Juni 2007

Viele der Teilnehmer publizieren ihre Arbeiten in den folgenden Jahren in der Zeitschrift *Mathematical Finance*. Sie wird zu der führenden Plattform für die sich schnell entwickelnde Theoriebildung. Auch unter den Teilnehmern des Workshops geht die Zusammenarbeit weiter – wie bei Philip Protter und Darrell Duffie. [11] Der US-amerikanische Mathematiker Protter interessiert sich für die Forschung auf dem Gebiet der Stochastik in Frankreich, Deutschland und Italien. Er war zuvor schon in Straßburg (1988), Bonn (1991) und arbeitet später (1996) in Berlin mit Hans Föllmer zusammen.

In Frankreich nimmt die Finanzmathematik einen anderen Verlauf. Der beginnt bei den Seminaren von Paul-André Meyer an der Université de Strasbourg und führt zu dem Masterstudiengang an der Université VI Paris. Einer der international renommierten Vertreter war Marc Yor [22].

---

[22]Marc Yor (1949–2014), Professor an der Université VI Paris und Mitglied der Académie des sciences. Ein schon vereinbartes Gespräch über seinen Weg zur Finanzmathematik konnte nicht mehr stattfinden.

5.2 Hans Föllmer über Kiyoshi Itō

Auf dem „International Congress of Mathematicians", dem ICM im August 2006 in Madrid, erhält Kiyoshi Itō den Carl-Friedrich-Gauß-Preis. Mit dem Preis sollen Arbeiten ausgezeichnet werden, die einen wesentlichen Einfluss auf Bereiche außerhalb der Mathematik haben. Kiyoshi Itō ist der erste Preisträger und gewürdigt wird eine seiner ersten Arbeiten über den Itō-Calculus, die er als 28jähriger während des Zweiten Weltkrieges geschrieben hat. Mit dem Itō-Calculus lässt sich eine breite Klasse von stochastischen Prozessen definieren.

Kiyoshi Itō ist über 90 Jahre alt und kann zur Preisverleihung nicht mehr nach Madrid kommen. Hans Föllmer hält die Laudatio, die Gauß-Lecture. Zu Anfang seines Vortrags erwähnt er die Reaktion Kiyoshi Itōs auf die Verleihung dieses Preises.

In his message to the Congress Kiyoshi Itō says that he considers himself a pure mathematician, and while he was delighted to receive this honor, he was also surprised to be awarded a prize for applications of mathematics.[23]

Obwohl Kiyoshi Itōs Theorie der Stochastischen Differentialgleichungen und der Stochastischen Analysis zu einer der Grundlagen der Finanzmathematik geworden ist, befasst sich Kiyoshi Itō selbst nicht mit diesem neuen Anwendungsgebiet. Er versteht sich als reiner Mathematiker.

Die Preisverleihung findet ein Jahr vor Ausbruch der Finanzkrise statt. Der Optimismus ist noch ungebrochen. Die Finanzmärkte sind zu einem Wirtschaftszweig mit den höchsten Wachstumsraten und Gewinnen geworden. Mathematiker sind als Quants im Wertpapierhandel der Branche gefragt. Zu ihrem Rüstzeug gehört der Itō-Calculus.

Der Laudator Hans Föllmer kennt Kiyoshi Itō aus seiner Studienzeit in den 1960er Jahren. 1977 erhält er die Einladung zu einem Symposium in Japan, organisiert von Ito (Abb. 5.8). In seinem Vortrag geht Hans Föllmer darauf ein, wie Kiyoshi Itō auf dem ICM-Kongress 1962 in Stockholm den Itō-Calculus vorstellte. Das stieß auf wenig Resonanz. Joseph Doob allerdings erkannte die Bedeutung und widmete dem Itō-Calculus in seinem Standardwerk über stochastische Prozesse ein eigenes Kapitel.

Doob devoted a whole chapter to Ito's construction of stochastic integrals and showed that it carries over without any major change from Brownian motion to general martingales. I will now describe the application of Itō's calculus in Finance which began around 1970 and which has transformed the field in a spectacular manner, in parallel with the explosive growth of markets for financial derivatives. Consider the price fluctuation of some liquid financial asset, modeled as a stochastic process ... This is known as the Black-Scholes model, and we will return to this special case below. In general, the choice of a specific model involves statistical and econometric considerations. But it also has theoretical aspects which are related to the idea of market efficiency.[24]

---

[23] Hans Föllmer, Laudatio Carl-Friedrich-Gauß-Preis an Kiyoshi Itō und Gauß-Lecture, ICM, Madrid (2006).
[24] Hans Föllmer, Gauß-Lecture, ICM, Madrid 2006.

Abb. 5.8 4. Taniguchi Symposium „Probability and analysis" 18.–25. August, 1977, Katata, Japan. Organisiert von Kiyoshi Itō. Die Teilnehmer: Erste Reihe von links: Alampallam V. Balakrishnan, Adriano Garcia, Kiyoshi Itō, Kōsaku Yosida, Yazuo Akizuki, Eugene B. Dynkin, Donald Burkholder u.w.,. Zweite Reihen von links: Nobuyuki Ikeda, Takeyuki Hida, Hiroshi Kunita, Shinzo Watanabe, Takesi Watanabe, Hans Föllmer, Keiko Itō (älteste Tochter von K. Itō.), eine Sekretärin des Symposiums, Masatoshi Fukushima. (Foto: Privat)

Hans Föllmers Werdegang zeigt, welchen Einfluss Mathematical Economics und der Beweis der Allgemeinen Gleichgewichtstheorie von Arrow/Debreu gehabt haben. Denn die Finanzmathematik hat ihre Wurzeln nicht allein in der Wahrscheinlichkeitsrechnung, der Stochastik oder Analysis, sondern auch in Mathematical Economics und der neoklassischen Wirtschaftstheorie. Die Hypothese der Markteffizienz von Eugene Fama wird in ihrer abgeschwächten Form der Arbitragefreiheit zu einer der Grundlagen in der Finanzmathematik.[25]

---

[25]Eugene Fama (*1939) erhält 2013 gemeinsam mit Robert J. Shiller und Lars Peter Hansen den Alfred-Nobel-Gedächtnispreis für Wirtschaftswissenschaften.

Paul Embrechts – von der Versicherungs- zur Finanzmathematik

6

Paul Embrechts wird 1989 auf den Lehrstuhl für Versicherungsmathematik an der ETH Zürich berufen. Er ist Nachfolger des international bekannten Versicherungsmathematikers Hans Bühlmann, der das Amt des Präsidenten der Hochschule antritt[1]. Embrechts soll den Studiengang Versicherungsmathematik um die Finanzmathematik erweitern. Ein Fachgebiet, für das es noch keine Lehrprogramme gibt. Die wird er in den folgenden Jahren aufbauen. Er gehört zu der Gruppe von Mathematikern, die in den 1990er Jahren die Theoriebildung in der Finanzmathematik vorantreiben.

Paul Embrechts (*1953) ist Belgier und seine akademische Laufbahn begann an der Katholieke Universiteit Leuven (KUL).

PAUL EMBRECHTS: Studiert habe ich in Antwerpen zunächst bei Jean Haezendonck. Sein Forschungsgebiet hat sich Anfang der 1970er auf Versicherungsmathematik bezogen mit ersten Schritten Richtung Finanzmathematik. In Leuven habe ich dann bei Jef Teugels angewandte stochastische Prozesse kennengelernt und es gab eine starke Gruppe im Bereich Versicherungsmathematik.

(Interview der Autorin)

Jef Teugels hatte an der amerikanischen Universität Purdue promoviert und war trotz guter Lehrangebote amerikanischer Universitäten nach Belgien zurückgekehrt. An der KUL erhält er 1967 den Lehrstuhl für Wahrscheinlichkeitstheorie. Die Universität spaltet sich 1968 in einen französisch- und einen flämischsprachigen Teil. Das CORE mit dem Schwerpunkt Ökonometrie und Operations Research geht im Jahr 1977 an den französisch-sprachigen Teil in Louvain-la-Neuve. Trotz der Trennung arbeitet Jef Teugels weiter mit dem CORE zusammen. Als Paul Embrechts 1975 an die KUL kommt, befindet sich der Studiengang für Wahrscheinlichkeitstheorie, stochastische Prozesse und vor allem für Statistik erst im Aufbau.

---

[1] Hans Bühlmann (*1930), Professor für Mathematik an der ETH Zürich 1966–1997.

A. Handwerk, *Von der Mathematisierung in der Ökonomie zur modernen Finanzmathematik*, https://doi.org/10.1007/978-3-662-62637-5_6

PAUL EMBRECHTS: Mein Forschungsfeld umfasste Versicherungs- und Finanzmathematik sowie Risikomanagement. Dadurch gab es für mich damals in Leuven wenig Berührungspunkte mit dem CORE. Denn als Doktorand - und später als Assistent von Jef Teugels - habe ich mich zunächst mit Extremwerttheorie und Versicherungsmathematik befasst.

(Interview der Autorin)

Während seines Studiums publiziert Paul Embrechts bereits erste wissenschaftlichen Arbeiten und knüpft internationale Kontakte. Im Jahr 1980 arbeitet er als Post-Doctoral Research Assistant an der Queen Mary University of London, zwei Jahre später dann als Research Fellow am Imperial College London. Dort erhält er 1983 eine Stelle als Lecturer in Statistik.

PAUL EMBRECHTS: Das Imperial College war eine Top-Adresse weltweit für Statistik. Finanzmathematik gab es nicht. Nur an der Business School haben sich Ökonomen mit Optionen und zum Beispiel mit der Black-Scholes- Formel beschäftigt. Aber ich hatte mich in die Extremwerttheorie weiter vertieft, orientiert auf die Versicherungsmathematik. Meine Forschung hat sich dann mehr und mehr in diese Richtung entwickelt: angewandte Wahrscheinlichkeitsrechnung, stochastische Prozesse, insbesondere Anwendungen in der Versicherungsmathematik, das Modellieren von Extremereignissen und Berechnungen von versicherungstechnischen Großschäden.

(Interview der Autorin)

Paul Embrechts macht deutlich, dass sein wissenschaftlicher Werdegang bis zur Berufung an die ETH Zürich nicht gradlinig verläuft. Das liegt auch an seiner familiären Situation. Verheiratet mit Gerda Janssens, hat er als junger Wissenschaftler auch für seine Familie mit damals zwei kleinen Kindern zu sorgen. Später kam ein drittes Kind dazu. Weil der Lebensunterhalt in London sehr teuer ist, geht er Ende 1985 mit seiner Familie zurück nach Belgien[2].

PAUL EMBRECHTS: Anfang der 1980er Jahre, das war eine Zeit, in der ich in Belgien keine passende Stelle finden konnte, und so habe ich ein halbes Jahr bei der Generale Bankmaatschappij gearbeitet. Offiziell war ich als IT-Experte angestellt, aber eigentlich habe ich spezifische Fragen zur Portfoliooptimierung untersucht. Ich war damals in der Bank noch einer der ganz wenigen Mathematiker! Für das Management war Absicherung mit Methoden der Finanzmathematik noch kein Begriff. Mittlerweile war ich über Mark Davis und Hans Föllmer mit Finanzmathematik in Berührung gekommen. Aber immer noch sehr wahrscheinlichkeitstheoretisch orientiert. Meine Stärke war die Modellierung in der Extremwerttheorie. Es ging dabei um Anwendungen mit versicherungstechnischen Fragestellungen. Dann kam der Börsencrash von 1987. Da spürte ich, dass die Methoden, die ich entwickelte, von praktischem Nutzen sein könnten in der Bankenwelt. The world beyond normality! Nach dem Börsencrash war klar, dass Forschung und Lehre auf dem Gebiet der Extremwerttheorie mit Anwendungen für Banken und Versicherungen weiter vorangetrieben werden müssen.

(Interview der Autorin)

---

[2]Zu Paul Embrechts 60. Geburtstag findet an der ETH Zürich ein Symposium statt. Einer seiner Weggefährten spricht über seine persönlichen Erfahrungen und betont, Paul Embrechts habe immer großen Wert auf familiäre Bindungen gelegt, weil Mathematiker nicht immer isoliert in einer abstrakten Welt leben könnten.

In der Zeit von 1985 bis 1989 arbeitet Paul Embrechts als Dozent an der Universität Limburg im belgischen Diepenbeek. Mit seinem Vortragsmanuskript „Martingales and Insurance Risk" reist er 1987 zum European Meeting of Statisticians in Thessaloniki[3].

PAUL EMBRECHTS: Nach meinem Vortrag ist Hans Föllmer auf mich zugekommen und hat mir gesagt, dass es an der ETH Zürich eine Stelle zu besetzen gäbe und ich möglicherweise ein interessanter Kandidat wäre. Mehr nicht. Man suchte eine Nachfolge für Hans Bühlmann, der bereit ist, als Mathematiker die Versicherungsmathematik innerhalb des Departments Mathematik voranzutreiben. Bühlmann war weltweit eine herausragende Kapazität auf dem Gebiet der Versicherungsmathematik und dementsprechend war sein Lehrstuhl an der ETH nicht nur national, sondern auch international von großer Bedeutung.

(Interview der Autorin)

Für die Nachfolge auf den Lehrstuhl des Versicherungsmathematikers Hans Bühlmann gibt es viele Bewerber. Die Berufungskommission der ETH Zürich entscheidet sich für Paul Embrechts.

PAUL EMBRECHTS: Im November 1989 bin ich mit meiner Familie nach Zürich gekommen. In meinem wissenschaftlichen Gepäck brachte ich, außer meinen Forschungsergebnissen in Bezug auf Extremwertereignisse mit Anwendungen in Versicherungen bis zum Finanz- und Risikomanagement, auch genügend Kenntnisse im statistischen Bereich mit. Weltweit gibt es nicht viele Wissenschaftler, die genau diese Kombination mitbringen.

(Interview der Autorin)

Aber Paul Embrechts steht nicht nur vor der Aufgabe, die akademische Lehre den neuen Anforderungen anzupassen, sondern muss sich auch den hohen Erwartungen der einflussreichen Finanzwirtschaft stellen. Schweizer Banken erhoffen sich von der ETH eine finanzmathematische Ausbildung, wie es sie bis dahin ansatzweise nur an amerikanischen Universitäten gibt. Sie wollen ihre Portfolio-Spezialisten in Zukunft auch im Inland rekrutieren[4]. Um international konkurrenzfähig zu sein und den Anschluss an den internationalen Optionshandel nicht zu verlieren, kooperierte der Schweizerische Bankverein bereits seit Ende der achtziger Jahre mit dem amerikanischen Wertpapierhändler O'Connor & Associates aus Chicago[5]. 1992 beginnt an der Terminbörse in Chicago (Chicago Board of Trade) der Handel mit „Catastrophe Futures"[6].

---

[3]Satellite Meeting of the EMS, the European Meeting of Statisticians. The European Meeting of Statisticians (EMS) is the main event sponsored by the European Regional Committee of the Bernoulli Society for Mathematical Statistics and Probability (1987).

[4]ETH Intern, vierteljährlich erscheinendes universitätsinternes Informationsblatt, Ausgabe 3, 1994.

[5]Der amerikanische Wertpapierhändler O'Connor & Associates, gegründet 1977 von einem Mathematiker, war spezialisiert auf Optionshandel. Mit der vollständigen Übernahme im Jahr 1994 ging es vor allem um das Fachwissen, denn für O'Connor & Associates arbeiteten Absolventen der Eliteuniversitäten MIT und Harvard.

[6]An der Chicago Board of Trade (CBOT) haben 1972 Fischer Black und Myron Scholes ihr Modell zur Optionspreisbestimmung getestet.

Ein begrenzter Teil versicherungstechnischer Risiken soll damit an der Börse handelbar werden. Dazu gehören auch neue Finanzprodukte, die unter dem Begriff „Alternative Risk Transfer" (ART) laufen.

PAUL EMBRECHTS: Innerhalb der Departments für Mathematik war Risikomanagement auf Hochschulniveau Anfang der 1990er Jahre noch weitgehend unbekannt. Diese Kompetenz habe ich dann sowohl an der ETH als auch in internationalem Rahmen mitentwickelt. Aus der Finanz- und Versicherungswirtschaft wurde die grundlegende Frage an uns herangetragen, welche Gemeinsamkeiten zwischen den beiden verschiedenen Märkten bestehen. Zwar existieren nach wie vor bedeutende Unterschiede, aber in neueren Entwicklungen zeichnet sich ab, dass zunehmend Überschneidungen entstehen. Die klassische Versicherungsmathematik hat sich nach den statistischen Grundlagen orientiert. In Versicherungsgesellschaften waren Daten immer wichtig. Bei Banken war es für mich fast unverständlich, dass Ende der 1980er Jahre Daten nicht so stark berücksichtigt wurden. Für die Produkte, die damals eingeführt wurden, gab es so gut wie keine Daten!

(Interview der Autorin)

1994 gründet Paul Embrechts zusammen mit Hans-Jakob Lüthi vom Institut für Operations Research das interdisziplinäre Forschungszentrum RiskLab. In dem vierteljährlich erscheinenden universitätsinternen Informationsblatt ETH Intern wird das Projekt als ein Brückenschlag zum Finanzplatz Zürich bezeichnet. Grundlage dafür ist eine Kooperationsvereinbarung zwischen Hochschule, anfangs drei Großbanken und später auch einer führenden Rückversicherung.

Die Vertragspartner vereinbaren hiermit die Förderung einer längerfristigen bankübergreifenden Forschungszusammenarbeit zum Thema Konzepte, Modelle und quantitative Techniken im (globalen) Risikomanagement- und monitoring.[7]

Die Wissenschaftler werden mit drängenden Fragen aus der Finanzwirtschaft konfrontiert, denn der Basler Ausschuss für die Bankenaufsicht hat Vorschläge für die Eigenkapitalausstattung aufgestellt und erwartet von den Banken eine Stellungnahme.

In einem ersten gemeinsamen Projekt soll der erwähnte Bericht einschließlich der Stellungnahmen hinsichtlich seiner modellmässigen und methodischen Grundlagen kritisch gewürdigt werden, um, darauf aufbauend, eine Forschungsagenda zu diesem Themenbereich aufzustellen.[8]

Die Forschungsergebnisse werden im Rahmen des RiskLabs zuerst in internen Seminaren und Arbeitspapieren vorgestellt und später wissenschaftlich publiziert.

The agenda for the book was strongly influenced by joint projects and discussions with the RiskLab sponsors UBS, Credit Suisse and Swiss Re. [12]

---

[7]Forschungsförderungsvertrag ETHZ-Interessengemeinschaft Banken.
[8]ebd.

Im ersten Kapitel ihres Buches behandeln die Autoren Alexander McNeil, Rüdiger Frey und Paul Embrechts Risiken nicht nur aus mathematischer Sicht. Sie gehen ausführlich auf die veränderten Anforderungen der Bankenaufsicht ein und auf Ereignisse wie den verlustreichen Zusammenbruch des Hedgefonds LTCM Capital im Jahr 1998, an dem die berühmten Begründer der Black-Scholes-Formel, Myron Scholes und Robert C. Merton beteiligt waren. Die Autoren zitieren einen bissigen Kommentar zu dieser Pleite: ‚is this really the wealth of the future? Win big, loose bigger', verteidigen aber gleichzeitig die Expansion des Wertpapierhandels. Die Autoren sind davon überzeugt, dass neue Finanzprodukte maßgeblich zur Absicherung von Finanzrisiken im weltweiten Finanzsystem beitragen. In der zweiten Auflage, die zehn Jahre später, im Jahr 2015, erscheint, gehen sie auf die Ursachen der Finanzkrise (2006–2008) ein.

Wie aus mathematischen Annahmen Gewissheiten wurden

Die Internationalisierung des Kapitals, elektronische Kommunikationstechniken, das Internet und neue Finanzprodukte führen zu einem tiefgreifenden Wandel des traditionellen Bankgeschäfts und der Finanzmärkte. Die hohen Währungs- und Zinsschwankungen geben dem Handel mit Optionen ein großes Gewicht. Die Einführung der Optionspreisbestimmung nach dem Black-Scholes-Merton Modell wird als eine Revolution an den Finanzmärkten bezeichnet. Und sie wird weiter vorangetrieben von der Finanzmathematik, die in Theorie und Praxis Anwendungen entwickelt, und von der Politik, die gesetzliche Hürden abbaut, die zu einer schrittweisen Deregulierung der Finanzmärkte führt.

In dieser Anfangszeit, aufgeladenen mit der Euphorie über neue Möglichkeiten, werden mathematische Annahmen wie z. B.: ‚Alle Marktteilnehmer verfügen über gleiche Informationen', als Tatsachen interpretiert und verbreitet.

Tatsächlich ist die Entwicklungsgeschichte moderner derivativer Finanzinstrumente untrennbar verbunden mit einem unaufhaltsamen Trend zur Effizienz der Wertpapiermärkte. Effizienz bedeutet, dass Marktteilnehmer alle handelsrelevanten Informationen umgehend und gleichermaßen erhalten, dass der Handel schnell und selbst bei großen Beträgen reibungslos und ohne Preisschocks auszulösen erfolgen kann, und dass Transaktionskosten minimiert werden. Effizienz ist also vor allen Dingen gut für den Nutzer der Märkte, den Konsumenten von Investment-Dienstleistungen.[1]

---

[1] Vom Abenteuer der Mündigkeit, Bemerkungen zum Lebensrecht der DTB, Vortragsmanuskript 18.10.1990 zur Einführung der Deutschen Terminbörse, verfasst von Igor Uszczapowski für den Dresdner Bank Vorstand Piet-Jochen Etzel.

© Der/die Autor(en), exklusiv lizenziert durch Springer-Verlag GmbH, DE, ein Teil von Springer Nature 2021
A. Handwerk, *Von der Mathematisierung in der Ökonomie zur modernen Finanzmathematik*, https://doi.org/10.1007/978-3-662-62637-5_7

7.1   Fischer Black am Finanzplatz Frankfurt

Ende der 1980er Jahren tun sich siebzehn Banken zusammen und gründen in Frankfurt a. M. die DTB, die Deutsche Terminbörsen GmbH, eine elektronische Plattform für den Optionshandel. Im Januar 1990 nimmt sie ihren Betrieb auf [2]. Mit Gründung der DTB soll die Position des Finanzplatzes Frankfurt im internationalen Wettbewerb verbessert werden. Bereits acht Jahre später fusioniert die DTB mit der SOFFEX, der Swiss Options and Financial Futures Exchange zu einer der größten Terminbörsen für Finanzderivate unter dem Namen Eurex [3].

Zu den Gründungsmitgliedern der DTB gehört die damalige Dresdner Bank. Sie beauftragt eine Gruppe junger Wirtschaftswissenschaftler, Investoren und so genannte ‚market maker‘ für den Optionshandel zu gewinnen.

Serge Demolière hat während seines Studiums bereits erste Erfahrungen im Optionshandel gemacht und leitet die Gruppe Strategieberatung [4]. Für ein Symposium über Optionen und Futures will er hochkarätige Referenten gewinnen. Der Kreis derer, die sich mit der Black-Scholes Formel auskennen, ist überschaubar und das bringt ihn auf die Idee, kurzerhand Fischer Black selbst einzuladen. Damals ist das noch möglich: Er wählt die Telefonnummer der Zentrale der Investmentbank Goldman Sachs in New York City und lässt sich mit Fischer Black[5] verbinden [2].

Fischer Black nimmt die Einladung an[6]. Auch Merton H. Miller[7] sagt sein Kommen zu.

Mit einer weiteren Anekdote beschreibt Serge Demolière, wie wenig führende Manager der Dresdner Bank damals über Fischer Black wussten, den Mann, der mit seiner Theorie die Finanzmärkte grundlegend verändert hat. So bekommt Serge Demolière keinen der noblen Firmenwagen mit Chauffeur gestellt, um den amerikanischen Gast vom Frankfurter Flughafen abzuholen. Stattdessen fährt er ihn mit seinem eigenen klapprigen Wagen zum Hotel.

---

[2]In Chicago wurde bereits 1973 der CBOE, der Chicago Board Options Exchange gegründet.

[3]Bei Beginn der Finanzkrise im Jahr 2007 lag das Handelsvolumen der Eurex bei 1,9 Mrd. Kontrakten.

[4]Serge Demolière (*1958) hat sein Studium der Wirtschaftswissenschaften bei Hartmut Schmidt in Hamburg als Diplom-Volkswirt 1986 abgeschlossen. Auszug aus einem Interview der Autorin mit Serge Demolière: 1983 habe ich bei einem amerikanischen Broker angefangen. Sein Büro lag in der Nähe von der Alster und eine Etage tiefer war die Nachrichtenagentur Reuters. Wir haben für seine Kunden im Hamburger Hafen Warentermingeschäfte über Soja, Weizen oder Mais in Chicago per Telephon abgeschlossen. Und damit wusste ich, was ein Future ist, was eine Option ist, wie das Margensystem funktioniert.

[5]Fischer Black (1938–1995), US-amerikanischer Wirtschaftswissenschaftler. Er hat gemeinsam mit Myron Scholes und Robert C. Merton das Black-Scholes-Modell zur Bewertung von Finanzoptionen entwickelt.

[6]Das Symposium „Options and Futures" fand am 18.06.1989 in Frankfurt a. M. statt.

[7]Merton H. Miller (1923–2000), US-amerikanischer Wirtschaftswissenschaftler. 1990 erhielt er den Alfred-Nobel-Gedächtnispreis für Wirtschaftswissenschaften für seine grundlegenden Arbeiten zu Unternehmensfinanzen.

Nach seinem Vortrag bittet er Fischer Black um eine Kopie seines handschriftlichen Vortragsmanuskripts[8]. Demnach spricht Fischer Black zuerst über die Grenzen seiner eigenen Theorie.

> M+M models and the Black-Scholes model are a great weakness
>   they are based on single assumptions they are based on unrealstically simple assumptions
> so much so that I sometimes wonder why people use these models
>   yet that weakness is also their greatest strength people like these models because they
> can easily understand the assumptions
>   these models are good as first approximation
>   and if you see the holes in the assumptions you can use the models in more sophisticated
> ways

Dann gibt Fischer Black einen Einblick in den Entstehungsprozess des Black-Scholes Modells.

> Though the search for the formula was an academic search for the truth, we did try to use
> it to make money. We bought some warrants that seemed very low in price, and waited for
> them to go up. As it turned out, we did not make money. But we did learn some more truth.

Fischer Black beschreibt im Folgenden die Schwierigkeiten, eine Formel für die Volatilität von Optionen zu entwickeln und beendet seinen Vortrag mit einer deutlichen Warnung.

> The assumptions behind the model are simple. That's why it's imperfect why it's useful only
> as an approximation but that's also why it's so popular since its assumptions are easy to
> grasp. And because it's so popular prices tend to fit the model even when they shouldn't
> since everyone uses it.

Die Tragweite dieser Aussage von Fischer Black, dass die Anwendung der Formel auch Einfluss auf das Marktgeschehen selbst hat, begreift zu diesem Zeitpunkt wohl keiner der Anwesenden. Es geschieht, wovor Fischer Black in seinem Vortrag warnt, dass die Einfachheit der Formel dazu verleitet, ihre Schwächen zu übersehen.

7.2   Wie sich ein Ökonom die Optionspreistheorie aneignet

Den Vortrag von Fischer Black verfolgt Thomas Heidorn, so erzählt er es, von einem der hinteren Plätze. Thomas Heidorn[9] ist einer der ersten Professoren an der Hoch-

---

[8] Aus dem handschriftliches Vortragsmanuskript von Fischer Black vom 18.06.1989.
[9] Thomas Heidorn (*1959), Professor für Banking an der Frankfurt School of Finance and Management. Nach Abitur und Studium der Volkswirtschaftslehre in Hannover und Kiel erhält er ein Fulbright-Stipendium für die USA und legt sein Diplom, Master of Arts and Economics, in Santa Barbara ab.
(Das Interview fand 2014 in Frankfurt a. M. statt)

schule für Bankwirtschaft, der für Banker Vorlesungen über die Black-Scholes-Formel hält[10]. Davor arbeitet Thomas Heidorn als Trainee im Investmentbanking bei der Dresdner Bank. Sein Studium in den USA war mathematisch orientiert und erleichterte ihm den Zugang zu Anwendungen der Finanzmathematik.

THOMAS HEIDORN: Die großen Unterschiede lagen darin, dass in der Volkswirtschaftslehre noch sehr stark ein rein theoretischer Ansatz vorherrschte, während in den USA Ökonometrie als ganz normaler Bestandteil aufgebaut worden war.

Ich war in Santa Barbara, dann hat mich die Uni Kiel zurückgeholt. Ich war extrem jung, hatte alles mit Eins gemacht, war Fullbright Student und dann bekam ich noch ein Stipendium der Studienstiftung des Deutschen Volkes. Danach habe ich mich bei der Dresdner Bank beworben. Der hat das Profil gefallen und mich entsprechend in das Investmentbanking Programm integriert.

Das war für mich der Anfang. Ich wusste überhaupt nicht, dass es diese Märkte gibt – das war 88/89! Als ich anfing, war der Handel mit Zinsswaps halbwegs liquide und es begannen die ersten Pflänzchen der Zinsoptionen. Währungsoptionen wurden schon gehandelt, viel über Telefon. Man bekam akustisch mit, was passierte. Meine ersten Optionsprodukte habe ich selber gebastelt. Da gab es keine Standardsoftware.

Im Rahmen des Investmentbanking Programms hatten wir einen Kurs über Finanzmathematik. Der Rest, da war es nicht schwierig, ein Buch zu nehmen und weiterzulesen. Zentral war die Black-Scholes-Formel. Die konnte man relativ leicht implementieren.

(Interview der Autorin)

Thomas Heidorn hat als Ökonom eine mathematisch-formalistische Ausbildung durchlaufen und der Übergang zur Anwendung finanzmathematischer Methoden stellt sich für ihn als eine reizvolle Herausforderung dar. Er wird Professor an der Hochschule für Bankwirtschaft, die 2007 umbenannt wird in „Frankfurt School of Finance and Management", und bildet am Finanzplatz Frankfurt a. M. den Nachwuchs aus.

Finance ist nichts anderes als Modelle zu benutzen und zu gucken, ob sie in der Realität funktionieren. Mitarbeiter bei der Bank beherrschten die Mathematik überhaupt nicht und das bot die Chance, sich sehr schnell zu positionieren. Volkswirtschaftslehre war schon immer relativ mathematisch. Das, was neu dazu kam, war das Schätzen auf der Grundlage von Daten und das Implementieren.

Für die Praxis war entscheidend das formale Werkzeug Black-Scholes. Der Hintergrund spielte eine untergeordnete Rolle. Es ging darum, wie man Volatilität berechnet und kalibriert. Das hat uns am meisten beschäftigt.

Der Vorteil von Finance ist, dass man Prognosen macht, und Sekunden später sieht man auf dem Bildschirm, ob man Recht hat oder nicht. Das machte mir extrem viel Spaß und war eine sehr direkte Anwendung im Gegensatz zum Theoretischen, wo man ewig streiten kann, ob es Wahrheiten im Sinne von Arbitrage gibt. Das hat extrem viel Spaß gemacht und war eine sehr interessante Phase, weil alle übten und keiner konnte es. Wie funktionieren diese Märkte? Wie kalibriere ich?

---

[10]Die Bankakademie in Frankfurt wurde 1957 gegründet. Den Aufsichtsrat bildeten Privatbanken, u. a. die Dresdner Bank. Daraus ging 1990 die Hochschule für Bankwirtschaft hervor. 2007 wurde sie umbenannt in „Frankfurt School of Finance and Management".

Die formale Seite war schon länger da. Aber das, was möglich war durch die technische Entwicklung, dass der Computer zum Standardwerkzeug gehörte und eine gewisse Bereitschaft da war, sich darauf einzulassen, erst damit begann die Phase von der Umsetzung der finanzmathematischen Modelle.

(Interview der Autorin)

Thomas Heidorn erlebt den Umbruch im traditonellen Bankgeschäft und den internationalen Wettbewerbsdruck. 1990 wird das erste Finanzmarktförderungsgesetz beschlossen. Mit dem Wegfall der Börsenumsatzsteuer erhält der Optionshandel einen zusätzlichen Schub. 1994 erscheint von Thomas Heidorn die erste Auflage seines Handbuchs zur Finanzmathematik mit dem programmatisch Titel „Vom Zins zur Option"[11].

7.3 Finanzmathematik und Technikfolgenabschätzung

In der Wissenschaft gibt es den Begriff der Technikfolgenabschätzung. Als Anfang der 1990er Jahre Banken in großem Stil in den Handel mit strukturierten Finanzprodukten einsteigen, kommen vollkommen neue, komplexe mathematische Methoden zur Anwendung. Das traditionelle Bankgeschäft verändert sich, Banken beschäftigen für die Entwicklung von Derivaten und Absicherungsstrategien Mathematiker und Physiker.

Zur Technikfolgenabschätzung gehört, nicht intendierte Folgen der Anwendung einer neuen Technologie zu erkennen. Im Fall der strukturierten Finanzprodukte werden die ökonomischen Rahmenbedingungen unzureichend berücksichtigt. Ein Beispiel: Hedging, d. h. die Risikoabsicherung, ist immanenter Teil von Kreditderivaten. Trotz fehlenden Eigenkapitals werden in den 1990er Jahren in den USA massenhaft Kreditderivate an Hausbesitzer vergeben. Ebenfalls bei den Banken ist die Kreditvergabe mit viel zu wenig Eigenkapital abgesichert. Als die US-amerikanische Zentralbank die Kreditzinsen erhöht, können viele Kreditnehmer ihre Raten nicht mehr zahlen. Die nicht einkalkulierten Ausfälle von Kreditrückzahlungen und das fehlende Eigenkapital der Banken führen zu einer Vertrauenskrise im Interbankenhandel und destabilisieren die Finanzmärkte. Große Investmentbanken gehen bankrott. So beginnt die Finanzkrise 2007.

Es wird darüber hinaus offenbar, dass strukturierte Finanzprodukte „systemische Risiken" verursachen. Sie lassen sich nicht an der mathematischen Konstruktion einzelner Finanzprodukte festmachen, sondern bestehen in nicht intendierten Folgen dieser neuen Finanztechnologie. Siehe dazu auch Kap. 8.

---

[11] Thomas Heidorn, Vom Zins zur Option, Finanzmathematik in der Bankpraxis, Gabler (1994). In den folgenden Auflagen wird der Titel verändert in: „Finanzmathematik in der Bankpraxis, Vom Zins zur Option".

7.4　Ein Obsérvatoire für Finanzmathematik?

Einunddreißig Jahre alt ist der Derivatehändler Jérôme Kerviel, als er seinen Arbeitgeber, die französischen Großbank Societé Générale, im Januar 2008 mit Milliardenverlusten in Bedrängnis bringt[12]. Er ist Absolvent des Masterstudiengangs für Finance an der Université de Lyon. Damit gerät dieser Masterstudiengang, aber auch der an der Université VI Paris, bekannt für elaborierte finanzmathematische Methoden, in den Fokus der öffentlichen Berichterstattung.

Den ersten akademischen Studiengang für „Quantitative Finance" haben die Mathematikerinnen Nicole El Karoui und Helyette Geman 1990 in Paris eingeführt. Er wird fortgesetzt am „Laboratoire de Probabilités et Modèles Aléatoires", dem LPMA, zusammen mit Gilles Pagés und Marc Yor[13]. Der Studiengang genießt hohes Ansehen in der Finanzwelt[14].

Im April 2008 organisiert Marc Yor, Mitglied der Academie des sciences in Paris, ein Kolloquium mit führenden Finanzmathematikern, darunter Nicole El Karoui und Paul Embrechts. Er will umsteuern. In Zukunft soll die universitäre Ausbildung weniger von den Interessen der Finanzindustrie bestimmt sein. Er fordert eine Beobachtungsstelle, ein Obsérvatoire, für Anwendungen der Finanzmathematik. Zu der Beobachtungsstelle kommt es nicht mehr, denn wenige Monate später erreicht die Finanzkrise ihren Höhepunkt.

Nach der Finanzkrise 2008 sehen sich Nicole El Karoui und Marc Yor in der Öffentlichkeit der Frage ausgesetzt, welchen Anteil die Finanzmathematik an der Finanzkrise hat. Vor allem von El Karoui, die enge Kontakte zu Banken hatte, wird eine Erklärung erwartet. Sie sieht sich an den Pranger gestellt und lehnt es kategorisch ab mit der Presse zu sprechen. In der Zeitschrift „Matapli" [32] veröffentlicht Marc Yor im November 2008 eine Stellungnahme. Für das 20. Jahrhundert ist neu, so schreibt er, dass zufällige Prozesse in der Ökonomie eine zentrale Bedeutung erhalten haben. Als Pioniere auf diesem Gebiet betrachtet er den Mathematiker Louis Bachelier und den US-amerikanischen Wirtschaftswissenschaftler Paul A. Samuelson, den Begründer der neoklassischen Wirtschaftstheorie. Marc Yor führt aus, auf welche Weise die Theorie der Finanzmathematik eng mit der neoklassischen Wirtschaftstheorie verflochten ist [20].

---

[12]Jérôme Kerviel wurde beschuldigt, mit Spekulationsgeschäften einen Verlust von 4,82 Mrd. Euro verursacht zu haben. Zudem soll er Handelspositionen im Wert von 50 Mrd. Euro aufgebaut haben.
[13]Master sciences et technologies, specialité: probabilités et applications, thématique: probabilité et finance, Université VI Paris – École polytechnique.
[14]Das Wall Street Journal veröffentlichte am 09.03.2006 einen Artikel über Nicole El Karoui mit dem Titel „Why students of prof. El Karoui are in demand". Nach der Finanzkrise wird ihre Ausbildung kritisch gesehen. Newsweek titelt am 21.05.2012: „Every time a few billion Dollars evaporate, someone french seems to wind up in the headlines". In dem Artikel wird die Frage gestellt, warum ausgerechnet französische Derivatehändler so horrende Verluste machen.

7.5   Erster Weltkongress der Bachelier Finance Society

Im Sommer des Jahres 2000 findet in Paris der Erste Weltkongress der Bachelier Finance Society statt. Unter den geladenen Hauptrednern sind u. a. Hans Föllmer, Robert C. Merton, Marc Yor und der damals 85jährige Nobelpreisträger Paul A. Samuelson. In seinem Vortrag „Modern finance theory within one lifetime" beschreibt er mit großer Empathie die historische Dimension der Entwicklung in der Finanzmathematik, an der auch er mitgewirkt hat.

> I have saved for my all too brief ending the story of the competition to reach the North pole first. I mean the Black-Scholes-Merton formula for equilibrium option pricing. As the physicist Freeman Dyson documented, Kuhn erred in omitting as a major cause of scientific revolution breakthroughs, new tool-making. Behind Galileo and Newton lay the inventor of the telescope. Behind Darwin and Crick-Watson lay the invention of the microscope. Behind Black-Scholes-Merton lay Norbert Wiener, A. N. Kolmogorov and Kyoshi Itō. I cannot explicate the point better than by quoting the works of the infallible poet:
> Natur and Nature's law lay behind in night; God said, let Itō be! And all was light!
> The stochastic calculus by being able to model instantaneously rebalancing price changes, put rigor into the brilliant conjecture of Fischer Black and Myron Scholes of an instantaneous variance-free hedge. Suddenly the imperfection of mean-variance analysis evaporated away; suddenly the evaluation of a stock's derivative securities, so that neither buyer nor seller stands to gain, become clear. The mathematical seed that Bachelier planted, which Wiener blessed, became through the harvesting of Itō, by Fischer Black, Myron Scholes and Robert Merton the Dyson tool-breakthrough which sparked a revolutionary change in finance science. Each month in journals all over the world, each day and hour in new markets everywhere, we see at work this skeleton key to the miracles of scientific advance. The saga is only bettered by the opposition to the new paradigm along the way. When an older Milton Friedman pooh-poohed it all as „not even economics at all", this only documented Max Planck's dictum that Sciences Progresses Funeral by Funeral …[17]

In seinem Vortrag betont Samuelson, dass die Revolution an den Finanzmärkten sich innerhalb einer Generation vollzogen hat.

Doch acht Jahre später beginnt eine tiefgreifende Finanzkrise, die die vermeintlichen Errungenschaften finanzmathematischer Methoden auf einen Schlag in Frage stellt.

Nach der Finanzkrise

Unter dem Titel „Is there a mathematics of social entities?" findet im Dezember 2008 der 98. Dahlem Workshop in Berlin statt. Die Wissenschaftler vom Potsdamer Klimaforschungsinstitut befassen sich mit langfristigen Folgen des Klimawandels und untersuchen, wie sich Dürren, Überschwemmungen oder daraus entstehende Umbrüche in Industriezweigen an den Finanzmärkte auswirken könnten. Sie stellen die Frage, ob finanzmathematische Methoden geeignet sind, solche Risiken abzusichern.

Mit Ausbruch der Finanzkrise, die für die Organisatoren des Workshops vollkommen unerwartet kommt, geraten finanzmathematische Modelle in die Kritik. Legendär ist der Ausspruch des Finanzinvestors Warren Buffett, Derivate seien finanzielle Massenvernichtungswaffen[1].

Die Klimaforscher haben Ökonomen eingeladen, die sich seit den 1990er Jahren mit Alternativen zur neoklassischen Wirtschaftstheorie befassen[2]. Berichterstatter des Workshops ist Thomas Lux vom Institut für Weltwirtschaft in Kiel, der auch mit dem Mathematiker Benoit Mandelbrot zusammengearbeitet hat[3]. Hans Föllmer ist der einzige Finanzmathematiker unter den Ökonomen.

---

[1]Der US-amerikanische Großinvestor Warren Buffett hat vorzeitig vor Risiken an den Finanzmärkten gewarnt und bezeichnete in einem Brief an Investoren Derivate als „finanzielle Massenvernichtungswaffen".

[2]Teilnehmer der Arbeitsgruppe „Modelling financial markets": David Colander, Hans Föllmer, Armin Haas, Michael Goldberg, Katarina Juselius, Alan Kirman, Thomas Lux, und Brigitte Sloth.

[3]Thomas Lux in einer E-Mail vom 28.09.2017: Ich habe mich seit Beginn der 2000er Jahre auch mit multifraktalen Modellen für Finanzpreise beschäftigt, ein Forschungsgebiet, das von Mandelbrot initiiert wurde. In einer Reihe von Aufsätzen, die ab 1997 erschienen sind, hat er die von ihm selbst schon fünfundzwanzig Jahre zuvor entwickelten Multifraktalen Modelle für turbulente Strömungen für Finanzdaten adaptiert.

A. Handwerk, *Von der Mathematisierung in der Ökonomie zur modernen Finanzmathematik*, https://doi.org/10.1007/978-3-662-62637-5_8

Die Teilnehmer des Workshops konstatieren ein „systemisches Versagen der Ökonomenzunft"(systemic failure of the economics profession) und erklären, dass Annahmen neoklassischer Wirtschaftstheorie, wie die von rational handelnden Marktteilnehmern oder der Vorstellung, dass der Markt ohne Regulierung automatisch zu einem Gleichgewicht tendiert, den Blick auf die Realitäten verstellt haben.

We believe that economics has been trapped in a sub-optimal equilibrium in which much of its research efforts are not directed towards the most prevalent needs of society. Paradoxically self-reinforcing feedback effects within the profession may have led to the dominance of a paradigm that has no solid methodological basis and whose empirical performance is, to say the least, modest.

Defining away the most prevalent economic problems of modern economies and failing to communicate the limitations and assumptions of its popular models, the economics profession bears some responsibility for the current crisis.

It has failed in its duty to society to provide as much insight as possible into the workings of the economy and in providing warnings about the tools it created. It has also been reluctant to emphasize the limitations of its analysis.

We believe that the failure to even envisage the current problems of the worldwide financial system and the inability of standard macro and finance models to provide any insight into ongoing events make a strong case for a major reorientation in these areas and a reconsideration of their basic premises [7].

Das Arbeitspapiers des Potsdam Workshops wird erstmals in der Reihe „Working papers"des Instituts für Weltwirtschaft Kiel veröffentlicht. Es wird in den folgenden Jahren noch mehrfach publiziert, denn die Autoren treffen den Nerv der Zeit[4]. Doch die grundlegende Frage, ob soziale Prozesse wie Gesetzmäßigkeiten in den Naturwissenschaften behandelt werden können, bleibt offen.

Hans Föllmer, Mitverfasser des Arbeitspapiers, publiziert einige Monate später einen eigenen Text mit dem Titel „Alles richtig und trotzdem falsch?"[15]. Die Deutsche Mathematiker-Vereinigung hat ihm 2006 die Georg-Cantor-Medaille für seine Verdienste auf dem Gebiet der Stochastik der Finanzmärkte verliehen[5]. Und nun will er Stellung nehmen. Sein Text, der zuerst in den Mitteilungen der Deutschen Mathematiker-Vereinigung erscheint, ist eine Verteidigungsschrift. Er bestätigt die Feststellung aus dem Working-Paper, dass systemische Risiken nicht rechtzeitig erkannt wurden, sieht aber keinen Anlass, grundlegende Annahmen der Finanzmathematik zu revidieren.

---

[4]In der Finanzkrise stellt die Bundesregierung für die Bankenrettung allein in Deutschland insgesamt 236 Mrd. Euro bereit. Kleinanleger von Lehman Brothers gehen auf die Straße und protestieren gegen den Totalverlust:„Die Großen werden gerettet, die Kleinen lässt man bluten".

[5]Aus der Laudatio anlässlich der Verleihung der Georg-Cantor-Medaille 2006: Hans Föllmer ist der führende deutsche Wahrscheinlichkeitstheoretiker seiner Generation. Er hat die Entwicklung der Stochastik, insbesondere die der stochastischen Analysis und die der Stochastik der Finanzmärkte entscheidend mit beeinflusst und geprägt. Er ist einer der wenigen deutschen Finanzmathematiker, die international bekannt und anerkannt sind.

Es war eines der ersten Projekte der damals entstehenden „stochastischen Finanzmathematik", die Martingalstruktur von unvollständigen Modellen zu untersuchen und Strategien zur Risikoreduktion „jenseits von Black-Scholes"zu entwickeln. Das Signal an die Praxis war klar: im unvollständigen Fall treten bei Derivaten immer intrinsische Risiken auf, die sich durch keine Absicherungsstrategie eliminieren lassen. Insgesamt kann man wohl sagen, dass der Einsatz von Derivaten auf den liquiden Aktienmärkten kein auslösender Brandherd der Finanzkrise war. In diesem Bereich hat das mathematische Instrumentarium bis zur Krise weitgehend funktioniert …

Trotz der Krise bleibt es richtig, dass viele dieser Derivate ökonomisch sinnvoll sind, und zwar als Versicherungsinstrumente zur Absicherung von primären finanziellen Risiken. Dass sie de facto auch ganz anders benutzt werden, nämlich sozusagen „ohne Netz" zur Konstruktion von aggressiven Wetten mit möglichst hoher Hebelwirkung, steht auf einem anderen Blatt. Man kann das als ein ethisches Problem für die „Quants" oder auch als ein Problem der Regulierung der Finanzmärkte sehen; es ist aber kein Problem der unzureichenden mathematischen Analyse [15].

Hans Föllmer bezieht sich auf den „Turner Review"[6] und bestätigt seinerseits, dass quantitative Modelle zu einer zu großen Risikobereitschaft geführt haben.

Allein die Tatsache, dass ein quantitatives Modell benutzt wird und die entsprechende Software installiert ist, erzeugt oft ein übertriebenes Gefühl der Sicherheit und Kontrolle. Das kann dann sehr leicht dazu führen, dass riskantere Positionen eingenommen werden bzw. die Kapitalreserve reduziert wird, weil man sich zu sehr auf die Quantifizierung des Risikos durch das eine benutzte Modell verlässt, anstatt das Modell zu variieren und genügend große Puffer für das Modellrisiko einzubauen. Dieser Mechanismus hat sicher an vielen Stellen gewirkt [15].

Doch in der Beurteilung finanzmathematischer Modelle geht der „Turner Review" weiter. In dem Kapitel „Misplaced reliance on sophisticated maths"heißt es:

More fundamentally, however, it is important to realize that the assumption that past distribution patterns carry robust inferences for the probability of future patterns is methodologically insecure. It involves applying to the world of social and economic relationships a technique drawn from the world of physics, in which a random sample of a definitively existing universe of possible events is used to determine the probability characteristics which govern future random samples.

But it is unclear whether this analogy is valid when applied to economic and social relationships, or whether instead, we need to recognise that we are dealing not with mathematically modellable risk, but with inherent ‚Knightian' uncertainty. This would further reinforce the need for a macro-prudential approach to regulation. But it would also suggest that no system of regulation could ever guard against all risks/uncertainties, and that there

---

[6]Der Wirtschaftsmanager und Ökonom Lord Adair Turner war vom Jahr 2000 bis 2006 stellvertretender Vorstandsvorsitzender für den Geschäftsbereich Europa der amerikanischen Bank Merill Lynch. Die Bank war involviert in den Markt für Kreditverbriefungen am US-Immobilienmarkt. Ihre Verluste schlugen 2007 mit über 23 Mrd. Dollar zu Buche. Turner scheidet vor Ausbruch der Finanzkrise aus und wird auf ihrem Höhepunkt im September 2008 zum Vorsitzenden der britischen Finanzmarktaufsichtsbehörde Financial Services Authority (FSA) berufen. In dieser Funktion veröffentlicht er wenige Monate später, im März 2009, den vielbeachteten „Turner Review – a regulatory response to the global banking crisis".

may be extreme circumstances in which the backup of risk socialization (e.g. of the sort of government intervention now being put in place) is the optimal and the only defence against system failure [26].

Der „Turner Review"folgt einer Position, die von Wissenschaftlern, darunter Philip Mirowski, bereits vehement vertreten worden war, aber kein Gehör gefunden hatte: dass Gesetzmäßigkeiten, die in den Naturwissenschaften gelten, nicht auf ökonomische Prozesse übertragen werden können, denn sie folgen keinen Naturgesetzen, sondern sind komplexe soziale Prozesse.

Aber diese Position wird auch weiterhin negiert. Im September 2009 nimmt der Nobelpreisträger Robert C. Merton in einem Interview Stellung zu der Frage, wie er heute dazu steht, dass die Black-Scholes-Merton-Formel auf einem Paradigma der Physik, der Brownschen Bewegung, beruht[7].

ROBERT C. MERTON: The kind of models we have developed are structured models. They have a foundation that runs over the whole range. So they allow us to understand a phenomen outside the range of actual experiences we have had! And that is very important for innovation. If you use all historical dates you don't understand the risk character of new things. The beauty of that methodology was that it makes sense to work and allows you looking at things we have never seen before! And have a reasonably good accessment of what risk will be like! And by the way that's all history. And by now: I am not a crazy person! We had a terrible crisis here! The essence dealing with models I think the important thing is to understand that models are incomplete.

(Interview der Autorin)

Die Finanzkrise hat das Vertrauen auf finanzmathematische Methoden erschüttert. Aber nur in den Wirtschaftswissenschaften ist eine Debatte über das Versagen der Wirtschaftswissenschaften und vor allem über die führende Rolle der neoklassischer Wirtschaftstheorie entstanden.

Mit dem „Netzwerk Plurale Ökonomik e. V." hat sich an den Universitäten eine Bewegung formiert, die Theorienpluralismus in der Lehre fordert.

In der Finanzmathematik hat ein vergleichbarer Prozess bisher nicht stattgefunden. Nach Lesart des Wissenschaftshistorikers Thomas S. Kuhn könnte es daran liegen, dass die bestehenden Paradigmen konkurrenzlos weiterbestehen. Denn wenn eine wissenschaftliche Theorie einmal den Status eines Paradigmas erlangt habe, so Kuhn, werde sie nur dann für ungültig erklärt, wenn ein anderes vorhanden sei, das den Platz einnehmen könne. Die Entscheidung, ein Paradigma abzulehnen, sei immer gleichzeitig auch die Entscheidung, ein anderes anzunehmen. Dem oben zitierten Text von Hans Föllmer ist zu entnehmen, dass er als einer der führenden Finanzmathematiker keine Notwendigkeit für grundlegende Korrekturen sieht.

---

[7]Robert C. Merton hat 1997 zusammen mit Myron Scholes den Alfred-Nobel-Preis für Wirtschaftswissenschaften erhalten. Zur Verleihung des „Deutsche Bank Prize in Financial Economics"kommt er 2009 nach Frankfurt am Main und hält auf dem anschließenden Symposium einen Vortrag über „Financial Innovation and Economic Crisis".

In seiner empathischen Eloge auf die Revolution an den Finanzmärkten lässt Paul A. Samuelson bereits anklingen, dass auch diese Entwicklung nicht von Dauer sein wird, sondern die Wissenschaften einem Prozess der ständigen Erneuerung (Funeral by Funeral) unterliegen. Die Finanzkrise 2007/2008 hat zu Korrekturen geführt, aber zu keinem Wendepunkt in der Finanzmathematik.

Literatur

1. Arrow, K., Debreu, G.: Existence of an equilibrium for a competitive economy. Econometrica **22**(3), 265–290 (1954)
2. Black, F., Scholes, M.: The pricing of options and corporate liabilities; in:. Journal of Political Economy **81**(3), 637–654 (1973)
3. Blaug, M.: No history of ideas, please, we 're economists. Journal of Economic Perspectives (2001)
4. Blaug, M.: The Formalist Revolution of the 1950s. In: Samuels et al. [29] (2003)
5. Blumenthal, R.M., Getoor, R.K.: Markov Processes and Potential Theory. Academic Press (1968)
6. Bouleau, N.: Financial Markets and Martingales: Observations on Science and Speculation. Springer (2004)
7. Colander, D., Föllmer, H., Haas, A., Goldberg, M., Juselius, K., Kirman, A., Lux, T., Sloth, B.: The financial crisis and the systemic failure of academic economics. In: Kiel working paper. Kiel Institut for the World Economy (2009)
8. Debreu, G.: Théorie de la valeur: analyse axiomatique de l'équilibre économique. Ph.D. thesis, Université Pantheon-Sorbonne (1959)
9. Delbaen, F., Schachermayer, W.: A general version of the fundamental theorem of asset pricing. Mathematische Annalen **300**(1), 463–520 (1994)
10. Delbaen, F., Schachermayer, W.: The Mathematics of Arbitrage. Schriftenreihe Springer Finance. Springer (2006)
11. Duffie, D., Protter, P.: From discrete- to continuous-time finance: Weak convergence of the financial gain process. Mathematical Finance **2**(1), 1–15 (1992)
12. Embrechts, P., Frey, R., McNeil, A.: Quantitative Risk Management: Concepts, Techniques and Tools. Princeton Series in Finance. Princeton University Press (2005)
13. Embrechts, P., Klüppelberg, C., Mikosch, T.: Modelling Extremal Events for Insurance and Finance. Springer (1997)
14. Fama, E.F.: Efficient capital markets: A review of theory and empirical work. The Journal of Finance (2), 383–417 (1970). Papers and Proceedings of the Twenty-Eighth Annual Meeting of the American Finance Association New York, Dezember 1969
15. Föllmer, H.: Alles richtig und trotzdem falsch? Anmerkungen zur Finanzmathematik und zur Finanzkrise. Mitteilungen der Deutschen Mathematiker-Vereinigung (17), 148–154 (2009)
16. Galbraith, J.K.: Power and the useful economist. American Economic Review **63**(1), 1–11 (1973)
17. Geman, H., Madan, D., Pliska, S., Vorst, T. (eds.): Mathematical Finance - Bachelier Congress 2000 Selected Papers from the First World Congress of the Bachelier Finance Society, Paris, June 29-July 1, 2000. Springer (2002)

© Der/die Herausgeber bzw. der/die Autor(en), exklusiv lizenziert durch Springer-Verlag GmbH, DE, ein Teil von Springer Nature 2021
A. Handwerk, *Von der Mathematisierung in der Ökonomie zur modernen Finanzmathematik,* https://doi.org/10.1007/978-3-662-62637-5

18. Harrison, J.M., Kreps, M.D.: Martingales and arbitrage in multiperiod securities markets. Journal of Economic Theory **20**, 381–408 (1979)
19. Hildenbrand, W.: Core and Equilibria of a Large Economy. Princeton University Press (1974)
20. Jeanblanc, M., Yor, M., Chesney, M.: Mathematical Methods for Financial Markets. Springer (2009)
21. Kreps, D.: Markov decision problems with expected utility criteria. Ph.D. thesis, Stanford University California, Dept. of Operations Research (1975)
22. Mathematisches Forschungsinstitut Oberwolfach: The mathematics and statistics of quantitative risk management. Vortragsbuch **146**, Img. 14–34 (2008). Mathematisches Forschungsinstitut Oberwolfach, online unter: http://oda.mfo.de/view/bsz/325108366/DEFAULT/12/
23. Merton, R.C.: Analytical optimal control theory as applied to stochastic and non-stochastic economics. Ph.D. thesis, Massachusetts Institute of Technology Dept. of Economics (1970)
24. Mirowski, P.: Introduction: Paradigms, Hard Cores, and Fuglemen in Modern Econmic Theory. Kluwer-Nijhoff (1986)
25. Nützenadel, A.: Stunde der Ökonomen. Vandenhoek & Ruprecht (2005)
26. Ohne Verfasser: The turner review, a regulatory response to the global banking crisis (2009). Original Website wurde aufgelöst. Kopie war im August 2020 noch unter folgender Adresse zu finden: http://www.actuaries.org/CTTEES_TFRISKCRISIS/Documents/turner_review.pdf
27. Reid, C.: Hilbert-Courant. Springer (1986)
28. Samuels, W., Biddle, J., Davis, J. (eds.): A Companion to the History of Economic Thought. Blackwell Publishing (2011)
29. Smale, S.: Differentiable dynamical systems. Bulletin of the American Mathematical Society **73**(6) (1967)
30. Weintraub, E., Mirowski, P.: The pure and the applied: Bourbakism comes to mathematical economics. Science in Context **7**(2), 245–272 (1994)
31. Yor, M. (ed.): Aspects of Mathematical Finance. Springer (2008)
32. Yor, M.: Faut-il avoir peur des mathématiques financiéres? Matapli, Bulletin de la Société de Mathématiques Appliquées et Industrielles (87) (2008)

Printed in the United States
By Bookmasters